# 基于 ACT-R 与 fMRI 融合的情绪与认知计算的信息加工过程研究

杨孝敬　著

科学技术文献出版社
SCIENTIFIC AND TECHNICAL DOCUMENTATION PRESS
·北京·

**图书在版编目（CIP）数据**

基于ACT-R与fMRI融合的情绪与认知计算的信息加工过程研究 / 杨孝敬著. —北京：科学技术文献出版社，2017. 11（2019. 8重印）

ISBN 978-7-5189-3684-7

Ⅰ. ①基… Ⅱ. ①杨… Ⅲ. ①智能机器人—智能模拟—研究 Ⅳ. ① TP242.6

中国版本图书馆 CIP 数据核字（2017）第 289202 号

**基于ACT-R与fMRI融合的情绪与认知计算的信息加工过程研究**

策划编辑：张　丹　责任编辑：赵　斌　责任校对：张吲哚　责任出版：张志平

出　版　者　科学技术文献出版社

地　　　址　北京市复兴路15号　　邮编　100038

编　务　部　（010）58882938，58882087（传真）

发　行　部　（010）58882868，58882870（传真）

邮　购　部　（010）58882873

官 方 网 址　www.stdp.com.cn

发　行　者　科学技术文献出版社发行　全国各地新华书店经销

印　刷　者　北京虎彩文化传播有限公司

版　　　次　2017 年 11 月第 1 版　2019 年 8 月第 4 次印刷

开　　　本　710 × 1000　1/16

字　　　数　158千

印　　　张　9.5

书　　　号　ISBN 978－7－5189－3684－7

定　　　价　39.00元

# 前　言

## 一、研究目的

为了理解情绪、认知和抑郁症交互作用关系，理解不同认知计算、不同情绪与认知、抑郁症患者完成不同情绪刺激下认知任务的神经机制；同时，寻找一个适合分析BOLD信号数据的非线性动力学方法，研究不同性别、不同年龄及抑郁症患者与正常对照组的差异，找出不同性别、不同年龄及抑郁症患者和正常对照组的非线性动力学特征。

## 二、研究方法

设计没有进位和退位的两位数加减法计算，以及正性、中性和负性情绪刺激下加减法计算两个实验设计，分别采集来自在校大学生完成加减法计算任务、在校大学生完成不同情绪刺激下加减法计算，以及抑郁症患者和正常对照组完成不同情绪刺激下加法计算任务的3套实验数据。依据脑信息学系统方法学原理，利用ACT-R结合fMRI技术，分别建立上述3套数据的高级认知信息加工假设模型并仿真，模拟反应时尽可能接近真实反应时数据，模拟BOLD信号变化率和真实BOLD信号变化率有效拟合。采用模糊近似熵方法对不同性别、不同年龄的抑郁症患者，以及抑郁症患者和正常对照组的熵值之间差异进行分析和研究。

## 三、研究结果

被试完成加法计算任务的反应时间比完成减法计算任务的反应时间短，被试完成加法计算任务的正确率比完成减法计算任务的正确率高；在校学生完成正性情绪刺激下加法计算任务的反应时间，小于完成中性情绪刺激下加法计算任务的反应时间，小于完成负性情绪刺激下加法计算任务的反应时间。同时，在校学生完成正性情绪刺激下加法计算任务的正确率，大于完成中性情绪刺激下加法计算任务的正确率，大于完成负性情绪刺激下加法计算任务的正确率。减法计算任务亦有相似的行为数据结果，只是比对应的加法计算任务的行为数据更为显著。正常对照组完成不同情绪刺激下加法计算任务的反应时间，小于完成中性情绪刺激下加法计算任务的反应时间，小于完成负性情绪刺激下加法计算任务的反应时间，正常对照组完成不同情绪刺激下加法计算任务的正确率，大于完成中性情绪刺激下加法计算任务的正确率，大于完成负性情绪刺激下加法计算任务的正确率，抑郁症患者组统计结果与正常对照组相似，且比正常对照组差异显著。不同性别的抑郁症患者组的模糊近似熵值之间没有显著性差异，其样本熵值也没有显著性差异，不同年龄抑郁症患者组的模糊近似熵值之间有显著性差异，而其样本熵值没有显著性差异，抑郁症患者的模糊近似熵值显著大于正常对照组的模糊近似熵值。

## 四、结　论

正常人完成减法计算任务采用的策略比完成加法计算任务采用的策略复杂，正常人具有正性情绪偏向和负性情绪偏离，而抑郁症患者则是正性情绪偏离和负性情绪偏向；模糊近似熵更适合处理 fMRI BOLD 信号数据。

## 五、创新点

本书在研究方法上参考了国内外相关研究成果，依据脑信息学系统方法学原理，利用 ACT-R 平台建立相应的认知假设模型并仿真，同时，对抑郁症患者和正常对照组完成不同情绪刺激下认知计算任务的信息加工过程从更细的时间微粒上进行解释和验证。本书提出采用模糊近似熵方法研究不同性别、不同年龄及抑郁症患者和正常对照组之间的差异，这在国内尚属首次。本书在研究内容上也是一种新的尝试，属于探索性研究。本书的主要创新点如下：

①针对被试完成加法计算和减法计算的任务信息加工过程差异问题，分别建立了对应的认知假设模型，模拟数据和真实数据的有效拟合，证明了假设模型的有效性。首次采用 ACT-R 建模的方式对加法计算和减法计算任务的信息加工过程差异性进行解释和验证，提出加法计算主要以提取策略为主，减法计算则是提取策略与计算策略共同完成，该结果与 Deheane 提出的三联体模型相一致。

②针对正常人完成不同情绪刺激下加减法计算任务的差异问题，依据行为实验数据、事后问卷调查表结果，分别对其信息加工过程建立了对应的ACT-R假设模型。首次采用ACT-R结合fMRI技术对正常人完成不同情绪刺激下加减法计算任务之间的差异问题进行了分析和研究，提出了正常人具有正性情绪偏向和负性情绪偏离的特点。

③针对抑郁症患者具有情绪功能障碍和认知功能障碍特点，首次提出了抑郁症患者与正常对照组完成不同情绪刺激下加法计算的ACT-R假设模型，并进行了仿真验证。模拟数据和真实数据的有效拟合验证了假设模型的有效性，首次从更细的时间微粒上解释正常对照组和抑郁症患者完成不同情绪刺激下加法计算任务的脑区内部信息加工过程。

④针对不同性别、不同年龄的抑郁症患者及抑郁症患者和正常对照组的BOLD信号数据的非线性动力学之间差异性问题，首次提出采用模糊近似熵的方法对其进行分析和研究，并与样本熵进行比较。结果表明，模糊近似熵更适合BOLD信号数据分析，从而可能为抑郁症患者的临床诊断和康复治疗提供一个新的客观量化指标，为抑郁症患者的BOLD信号研究提供一个新的手段和方法。

本书从计算机建模角度对抑郁症患者的情绪功能障碍与认知功能障碍进行了研究，获得了一些结论，丰富了抑郁症、情绪和认知交互作用的研究内容，有利于从更细的时间微粒方面了解人脑内部各脑区信息加工过程与脑损伤的神经机制，同时也为抑郁症患者BOLD信号数据的非线性动力学研究提供了新的研究方法。

# 目　录

# 图目录

# 表目录

第一章

# 绪 论

## 1.1 研究背景、目的与意义

### 1.1.1 研究背景

抑郁症是一种常见的精神类疾病，是一种多相性障碍疾病，包括情感、认知、行为和躯体调节功能等多方面的障碍，认知功能障碍与情绪功能障碍是常见的并发症状，是抑郁症的主要特征[1]。其主要表现为反应迟钝、注意力不集中、悲观、行动缓慢、情感低落、自卑心理严重、很难对积极事物提起兴趣、自我封闭、不善言谈、不愿交往、睡眠质量差、体重下降等，在严重的时候很容易产生自杀倾向，已经严重影响到人们的身心健康和社会的安定和谐。

近年来，抑郁症发病率和复发率呈现逐年增加的态势[2]，有相关组织调查报告显示，抑郁症在全球的精神类疾病中位列第四，同时也是导致其他相关病症出现的主要病因，一生中在某一个阶段可能遭受抑郁症困扰的人数大概是总人数的 1/7[3]。预计到 21 世纪的 20 年代，抑郁症很有可能成为全球第二大病源[4]。在国内，抑郁症发病率大概是 6%，截至目前，统计出来的抑郁症患者大概有 3000 万人[5]。最近，由世界精神病学协会组织的网络问卷调查表明，80% 左右的受访者觉得自己有抑郁的可能；然而，将近一半的人（有抑郁可能的受访者）表示不会去专科医院诊疗；但是，不排斥去综合性医院诊疗的受访者超过 36%，接受精神类专科医院诊疗的甚至还不到 11%。该结果表明，人们对精神症状的认识明显大于对抑郁障碍的认识。调查数据还表明，48.78% 的受访者一旦出现消极、挫折及易哭的症状，就觉得得了抑郁症，然而，却有 73.65% 的受访者在出现恶心、反胃及头痛时，不会往抑郁症上联系[6]。一个人得了抑郁症，本人很可能不知道，医生对其识别也非常困难。何燕玲教授通过研究指出，到现在为止，医院对抑郁症的有效识别率甚至低于 20%[7]。相关专家认为，环境因素、个人身体素质、社会因素及遗传因素是产生抑郁症的主要因素[8]。由于社会生活压力非常大、工作竞争异常激烈、人与人之间的矛盾日趋增多等原因，国内精神类和神经类疾病的患病率逐年上升。受生理特征、心理调节能力的影响，女性会在一定的年龄阶段容易自我暗示产生消极的想法，在这些年龄阶段产生抑郁症的可能性远远大于男性，如生孩子期间、孩子哺乳阶段、闭经期间等。抑郁症患者的思维比较迟钝，精力很难有效集中，甚至会感觉到非常压抑和痛苦，随之抱怨增多。除此之外，抑郁症患者通常还会表现出身体非常不舒服，如出汗多、睡眠质量差、感觉呼吸困难、感觉胸口像压块石头等[9]。在国内，抑郁症患者自杀率大概为 15%。可以看出，抑郁症给家庭和社会造成了巨大的危害和严重的灾难[10]。随着认知机制理论模型 ACT-R、功能磁共振 fMRI、非线性动力学方法的发展日益成熟，为研究抑郁症提供了可行性。

一直以来，研究者将认知与情绪分离进行研究，并认为它们之间的关系是分离的，然而近段时间以来，充足的认知科学与神经科学相关研究证实，认知与情绪之间不是相互分离的，而可能是相互依赖的。长期以来，科学家与哲学家一直关注认知与情绪的关系问题[11]。自托马斯·阿奎纳（1225—1274 年）[12]把行为的研究划分为认知与情绪之后，有关两者之间关系的占支配地位的观点一致认为，认知和情绪不仅系统是分离的，而且其加工过程也是分离的，它们之间的交互作用几乎没有[13]。在过去很长一段时间，有关功能定位的方向定位对人们认识脑功能有很大的影响，大多数人认为，大脑的认知区域与大脑的情绪区域是相互独立的[14]。然而，近几十年来有关行为实验结果和神经影像学研究结果表明，对大脑特异性功能的认识有很多质疑。越来越多的相关研究者逐渐意识到，认知与情绪之间的加工过程不仅会相互作用，而且认知脑区与情绪脑区之间的神经机制在功能方面也是彼此整合的，一起成为人们行为活动的神经基础。传统研究观点一直认为，认知只是关于注意、记忆、言语、问题推理和解决等的心智加工过程；当人们排除干扰，达到既定目的的时候，所做的认知过程全部具有相同的认知加工过程，如目标驱动与认知加工[15]。然而，要明确定义情绪相对来说有很大的困难。一部分研究者把情绪定义为动机和驱动力[16]；一部分研究者偏向情绪体验的研究[17]；还有一部分研究者更加关注情绪图式[18]或者研究人们的基本情绪[19]。目前为止，相关研究者提出了很多用来形容情感的维度，当中，大多数研究者比较接受愉悦度—激活度—优势度

（pleasure-arousal-dominance，PAD）情绪模型[20]，同时在心理学、人工智能、计算机科学等领域普遍采用该模型。在PAD情绪模型中，对情绪状态的描述和测量采用愉悦度、激活度和优势度。其中，愉悦度是人们情绪状态的正情感特性和负情感特性，即为情绪的效价；激活度是描述人们的心理警觉状态和神经生理激活水平；优势度被用来定义人们对他人和环境的控制状态，也就是描述操控的状态还是服从的状态。虽然关于情绪的定义有所不同，但从最近的相关研究可以发现，关于认知与情绪描述的3个维度之间有紧密的交互作用。近期发现大量有关情绪影响行为的研究文献，研究者一致认为，人类行为活动非理性的来源是情绪[21]。例如，当一个人接受问题表征的影响时，更可能选择成功率为40%的操作，而不是选择失败率为60%的操作[22]。Clore和Storbeck[23]进一步提出，情绪可以为判断好与坏的价值提供详细信息，同时，根据此方式，情绪不但左右着人们的思考风格，而且支配着人们的态度。然而，近期的相关研究证实，情绪对认知产生的影响大大超过了情绪导致的偏差或非理性，不但更加系统，而且更加复杂。例如，记忆产生的心境一致性效应[24]多次证实，情绪不但在记忆编码时对记忆有影响，而且在记忆提取期间对记忆也会产生重要影响，同时在回忆期间也有很大作用[25]。同时，即使不考虑记忆效应，还有许多具有说服力的证据证实，动机和情绪在决策、注意、执行控制和知觉等方面也起着至关重要的作用[26]。Stefanucci和Storbeck[27]指出，不仅情绪激活对直觉产生影响，而且情绪效价也对知觉有影响，而且强度较大的负性情绪能够使人们对事物做出超过正常的估计。当一个人看到恐惧事物时，他的状态性恐惧和特质性恐惧同时较大时，经常会夸大恐惧事物的实际程度[28]。该研究结果表明，情绪调节策略影响着情绪激活对恐惧程度的判断[29]。

当被试把自己当成情绪情景中的人物时，其评估恐惧的程度明显比其他人对该恐惧的评估程度大，也显著比没有进行情绪调节的人大。不考虑空间知觉影响，从相关研究文献可以发现，情绪效价和情绪激活共同对时间知觉产生影响[30]，而且人们对负性情绪的控制能力较高[31]。从大部分注意模型中可以发现，不同事物竞争有限的行为控制资源和知觉加工容量[32]。近些年的研究表明，视觉注意对突出情绪刺激的导向是被动的[33]。最近的大量相关研究一致认为，相对于正性情绪刺激，负性情绪刺激捕获注意的能力更加有效。对于此观点，大多利用视觉搜索实验范式对其进行研究。Hao等[34]利用视觉标记实验范式来考察负性情绪的加工优势，从研究结果中可以发现，相比正性情绪，人们在预览情况下搜索负性情绪速度更快，如果把负性情绪看成干扰因素，就难以发现负性情绪的加工优势。除此之外，当任务中存在空间竞争时，在情绪刺激图片上重复呈现目标字母时，尽管情绪刺激和任务之间没有关系，相对于目标字母，情绪被编码的程度更强[35]。最后，除常见的情绪刺激以外，Langeslag等[26]发现，被试对其爱人和亲人带来的刺激比情绪带给他们的刺激更敏感，来自任务有关的刺激和来自情绪有关的刺激一样都对P3（又称P300，是指在外界的刺激发生后大概300ms的时间处，会出现一个峰值电位）成分进行调节。然而，其他的相关研究也发现，被试的注意执行功能不仅在负性情绪刺激下是高效的，而且对来自正性情绪刺激的注意执行功能一样具有高效性[36]。正性情绪刺激能够让被试在整个认知过程中放松下来，还可以从根本上改变被试的选择性注意定位[37]。Pessoa[16]利用双竞争模型研究情感和情绪是如何对信息加工过程产生影响的。在此模型中，情绪依据状态依赖和刺激驱动两种方法对信息加工过程产生影响，状态依赖和刺激驱动均在知觉和控制水平下发生。

同时，Pessoa[16]更深入研究发现，情绪刺激执行控制产生的原因：第一，当知觉表征被强化时，使视觉反应增强，注意优先加工被强化的知觉；第二，与执行控制相关的神经结构可能可以接收到情绪直接传递的信息。但是，不同于刺激驱动的形式，状态依赖需要有奖赏相关的刺激参与其中。工作记忆是与执行控制关系紧密的另外一个认知加工过程。在工作记忆理论假设中有一个有限的注意容量系统，该系统能够暂时维持当前信息，并对当前信息进行保存，同时，可以采用长时记忆和联结知觉的方法对思维过程起到帮助作用[38]。通过以往大量有关工作记忆和情绪研究可知，心境或情绪状态能够对工作记忆产生影响[39]。Baddeley[40]通过总结恐惧、厌恶、高兴、愉悦、幸福、温馨等影响工作记忆的情感状态，发现不同的情绪对工作记忆加工产生不同的影响。例如，愉悦从本质上讲是一种积极、正性的状态，它可以在情景缓冲器中进一步对正性情绪刺激进行加工和处理，从而使得工作记忆本该加工的信息减少。在此基础上，Baddeley[40]对工作记忆模型进行了改进，通过增加情景缓冲器和快感探测器，来表示情绪刺激对工作记忆产生的影响。近年来，Lazarus[41]进一步发现，情绪功能和认知功能之间的相互关系为双向导向关系，不管是因变量还是自变量，情绪均为人们对周围的事情相对于自己思维的评估。Lazarus[41]还发现，情绪是对认知活动产生的反应，也可以把情绪称为在认知加工过程中所表现出的某种状态，并且认知加工过程的最终目的就是实现这种状态。因此，

Lazarus 等研究者认为，认知和情绪之间的关系是充要条件 [42]。最近也有很多相关研究为他们的这种观点提供了有力的证据。

抑郁症的发病原因来自多方面，长期以来，国内外相关研究者采用多学科技术融合的方式对抑郁症做了深入的理论分析和实验研究。目前相关研究领域认为，认知功能障碍和情绪功能障碍是抑郁症患者的主要症状表现。Aron Beck 在 20 世纪 70 年代提出，负性认知功能偏向是导致抑郁症的重要原因。在此之后，大量的相关研究多次验证了该理论。所谓负性认知功能偏向，就是指当抑郁症患者识别和加工外界信息或者刺激时，更容易选择和该患者负性认知功能偏向相一致的刺激和信息，因而产生负性情绪偏向和负性认知倾向 [43]，从而导致抑郁症患者比较偏向采用消极的方式处理问题、描述当前的现象和解释过去发生的事情，不仅导致抑郁症状的产生，而且会使抑郁症状加重 [44]。对相关文献的调查可知，引起抑郁的因素很多，最重要的一个因素就是负性认知功能偏向，也是所有抑郁症患者都具有的一种现象。在以往研究中，Aron Beck 对抑郁认知功能偏向理论做了改进，并在此基础上将神经认知理论作为引起抑郁的因素而提出。这个理论指出，抑郁症患者的认知功能发生了改变，也就是说产生了负性认知功能偏向，很可能来自大脑相关的脑区，如海马体、杏仁核、前额叶皮层等，或者是抑郁症患者神经回路的功能发生了异常 [45]。但到目前为止，还没有发现抑郁症患者的神经回路和相关脑区发生异常，因此，还不能完全解释抑郁症患者产生负性认知功能偏向的神经机制，对抑郁症的临床诊断、治疗、康复带来了很大的限制和困难。

从以往相关研究可知，与负性认知功能偏向对应的脑区，如吻侧前扣带回、背侧前扣带回 [46] 和背外侧前额叶皮层 [47] 等的活性大大降低，从而导致抑郁症患者在认知控制功能方面产生了异常，负性情绪的信息加工过程无法得到有效抑制，从而使得负性情绪的信息加工增多。从有关脑部损伤精神类疾病患者的研究可以得知，相对于其他脑区受损伤的患者，双侧背外侧前额叶脑区受损伤患者得抑郁症的可能性显著较大 [48]；采用功能核磁共振（functional magnetic resonance imagine，fMRI）对精神类疾病患者的研究发现，在静息态的情况下，与抑郁症患者相关的认知加工脑区，如前扣带回、背外侧前额叶皮层等的激活程度比较正常人显著较低；在选择信息任务时，抑郁症患者更倾向选择与负性情绪相关的刺激（尤其是与悲伤相关的情绪），但对正性情绪却不敏感，在该情况下同样发现，顶上小叶、背外侧前额叶皮层和腹外侧前额叶皮层等与认知加工相关的脑区激活程度较低；但是通过抗抑郁药物或认知治疗以后，抑郁症患者的负性情绪和认知倾向逐渐降低，与抑郁相关的症状也相应得到缓解。同时，抑郁症患者的认知和情绪加工相关脑区的活跃性也逐渐增强[49]。采用多次重复经颅磁刺激（rTMS）对抑郁症患者的研究得出，用高频磁对抑郁症患者的左侧背外侧前额叶脑区进行刺激，可以使抑郁症患者的相关功能获得有效提升，从而对负性情绪信息加工进行有效的抑制，达到对抑郁症状的有效缓解。相关研究者同样指出，相对于健康人，抑郁症患者不仅在认知和情绪加工相关脑区的活跃性降低，同时抑郁症患者的灰质也显著下降，神经元的数量也明显减少[50]。以上研究指出，抑郁的发生、加重与其认知功能缺失有关，主要表现在认知加工相关脑区的激活程度比健康人低。换言之，抑郁症患者的认知加工脑区激活程度降低（认知加工功能缺失），在加工外界给予的认知情绪刺激时，更容易倾向负性情绪信息加工，从而导致抑郁产生、持续，甚至加重。

同时，相关研究者还发现，与负性认知功能偏向相关脑区的活跃性明显增强，具体包括梭状回、杏仁核、腹内侧前额叶等，说明抑郁症患者更加倾向对负性情绪刺激加工，从而增加了负性情绪。通过对脑损伤患者的研究发现，当患者的双侧腹内侧前额叶受到损伤之后，不仅对自我相关的认知功能出现消失，而且对情绪图片的反应也出现明显减退，同时还发现抑郁症患者抑制与自己相关的负性情绪信息的能力更差，如伤感、害怕、愧疚感等[51]。采用 fMRI 对患者的相关研究发现，静息态下，相对于健康人，抑郁症患者情绪加工相关脑区的活跃性显著增强，其中包含杏仁核、腹内侧前额叶等[51]，可能与丘脑以下部分脑区共同作用，使抑郁症患者更加倾向加工负性情绪。被试做回忆任务实验时，相对于正常个体，抑郁症患者对回忆自己经历的愉悦、快乐、开心等事情不敏感，情绪加工相关脑区过度激活，如梭状回、杏仁核、腹内侧前额叶等，当患者回忆自己经历的悲伤、痛苦、恐惧等事情时，这些脑区的激活程度显著降低[52]。这表明患者对自身的认知控制能力显著不足，需要增强腹内侧前额叶的激活程度以缓解抑郁症状，从而增强控制作用的能力，达到正常提取对应回忆的能力。相反，当进行负性刺激时，对控制作用没有过多需求，因此降低了相关脑区的激活程度。通过抗抑郁药物或心理治疗后不难发现，抑郁相关的症状得到明显缓解，抑郁症患者的负性认知功能偏向明显消退，与负性认知加工相关的脑区激活度也明显下降[53]。采用脑部深层电刺激对抑郁症患者的研究发现，对腹内侧前额叶进行刺激，可以减轻并改善患者的抑郁症状。以上相关研究再次证明，抑郁症的产生、加重与患者的负性情绪加工加强有密切关系，具体表现在情绪加工相关脑区的激活显著变强，如梭状回、杏仁核、腹内侧前额叶等。当抑郁症患者对情绪刺激进行加工时，由于患者对负性情绪的加工能力增强，使抑郁症患者对自我相关的负性情绪加工相关脑区的激活程度显著增强，从而使抑郁症患者对负性情绪刺激的加工增多，导致抑郁产生，或引起抑郁状态的持续并加重。

以上相关研究发现，情绪控制增强和认知加工缺失对抑郁症的产生所起的作用是同等重要，它们的作用模式相反。但是，依据患者认知功能障碍说明抑郁症症状的发生显然是不够充分的，也无法很好地解释抑郁症患者在完成工作记忆与认知控制有关的任务时，前扣带回、背外侧前额叶等脑区的激活程度更加强烈[54]；对 298 个抑郁症被试利用高频经颅磁刺激患者认知加工对应区域——左侧背外侧前额叶，在 4 周内的有效率只有 19% 左右，而 6 周内的有效率仅有 24% 左右[55]。从抑郁症患者对负性情绪的信息加工能力偏低的角度，对情绪处理有关的脑区，在一定程度上可能导致抑郁症患者发病可能性下降的现象，也无法进行有效解释[48]，并无法彻底阻挡抑郁的产生。然而，抑郁症患者认知控制与情绪加工又有何种关系，它们又如何彼此作用，导致抑郁症产生认知控制偏向的。到目前为止，几乎没有相关的研究能够给这个问题完整的答案。

随着 fMRI 的广泛应用，人类高级认知结构建模迅猛发展，使得从人脑内部研究情感障碍和认知机制变为可能，从模型上仿真人类大脑行为成为现实。由美国科学院院士 J. R. Anderson 团队研发的自适应控制 – 理性（adaptive control of thought-rational，ACT-R）[56-58] 不仅是一个关于思维的理论整合体系，而且还是一个与人类认知加工过程相关的计算模型，在认知科学、心理学、人工智能、计算机等领域应用广泛。近些年来，相关研究者成功利用 ACT-R 建模和仿真解释河内塔和代数方程求解等的具体认知加工过程，验证了行为实验结果，通过 ACT-R 预测和 fMRI 实验的血氧依赖水平（blood oxygen level dependent，BOLD）的曲线拟合，说明假设模型的合理性和有效性[59-61]。因此，利用 ACT-R 作为模拟人脑活动的建模和仿真平台，对研究和建立解决不同认知计算及不同情绪刺激下认知的建模和仿真提供了技术基础。伴随着 fMRI 等研究脑功能成像手段逐渐成熟地应用于认知科学与心理学、精神病学等相关领域，从而已经具备打开人脑“黑盒”的技术。fMRI 的空间分辨率只有毫米级，

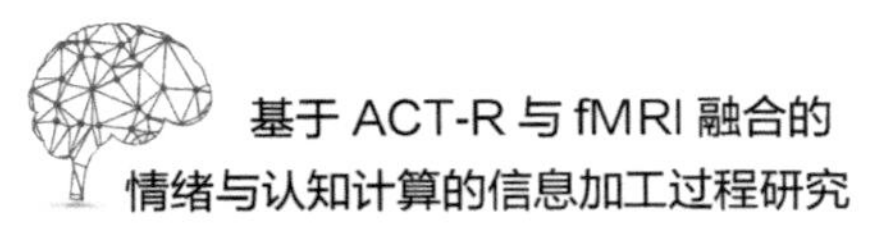


能够记录被试做任务的 fMRI 信号，对揭示人类高级认知加工过程有重要的理论意义和研究价值。

### 1.1.2 研究目的

本课题目的是探索人类在进行不同难度认知计算（没有进位和退位的两位数加减法）时对应脑区激活程度的差异，以及行为实验结果有何不同，提出对应的假设模型，并对行为实验和 fMRI 实验结果建模与仿真，解释加法计算和减法计算的认知加工过程的差异原因，验证行为实验与 fMRI 实验结果；针对情绪与认知的交互作用原理，设计了不同情绪刺激下加减法计算的实验设计，采用 ACT-R 结合 fMRI 的方法对行为实验结果、fMRI 实验结果建模和仿真，从更细的时间微粒上解释被试完成不同情绪刺激下相同计算的认知加工差异及相同情绪刺激下不同认知计算的认知加工差异；为了寻找抑郁症、情绪、认知之间的相互关系及相互作用原理，并找出与健康人之间的差异，提出了抑郁症患者和正常对照组完成不同情绪刺激下加法计算的认知加工过程假设模型，得出了抑郁症患者和正常对照组完成不同情绪刺激下加法计算时对应脑区进行了何种操作及具体加工流程；结合模糊算法和近似算法，提出采用模糊近似熵的方法研究在静息态下抑郁症患者和正常对照组在非线性动力学方面有何差异，以及抑郁症患者随年龄和性别的不同有何差异，为抑郁症的临床诊断和康复治疗提供了客观模型、解决思路和客观量化指标，对抑郁症的研究提供新的理论方法和研究内容。

### 1.1.3 研究意义

随着抑郁症对人身健康和社会和谐影响越来越大，针对目前诊断抑郁症主要依靠主观问卷调查，缺乏客观的诊疗模型及客观量化指标的现实，本课题采用高级认知建模和非线性动力学方法，从抑郁症客观角度出发，研究抑郁症患者的 fMRI BOLD 信号的缺失和差异，研究意义主要体现在以下几个部分。

（1）为研究不同难度认知任务提供依据

目前，研究加减法计算主要从行为实验结果和 fMRI 实验数据分析结果推断激活脑区的定位和范围，无法知道人们进行加法计算和减法计算时对应的脑区内部是如何加工，以及无法判断各个脑区在某个时间段进行了何种操作，无法验证行为实验结果和 fMRI 数据分析结果的正确性和可靠性。本课题对应的相关研究可以有效解决以上问题，从更细的时间微粒上解释被试在进行加法计算和减法计算时对应脑区在某个具体时间做了何种操作，进一步验证加法计算和减法计算对应脑区激活强度之间的差异，从而验证实验结果。为相关认知领域的研究提供一个新的研究方法和研究方向。使人类更好地了解自身在进行某项具体认知任务时脑区内部的协同工作原理。

（2）为研究情绪与认知交互作用提供新的研究思路和方法

近期，相关研究提出情绪与认知不是相互分离的系统，而是相互作用的。到目前为止，尚没有发现对情绪刺激影响下认知加工结果做进一步解释和验证的研究，因此，对于目前针对情绪刺激下的认知任务实验研究有很大的限制，无法从根本上对相关研究结果做进一步的证实。通过本课题组的相关研究，为情绪与认知相关关系的进一步研究提供了新的研究角度和完全不同的研究思路，为未来有关情绪与认知交互作用的研究结果做进一步的解释和验证提供了借鉴和参考。

（3）对研究抑郁症、情绪、认知提供了新的理论和方法

抑郁症的主要症状是认知功能障碍和情绪功能障碍，然而，抑郁症患者完成不同情绪刺激下认知任务时产生的结果对应的脑区内部加工过程有何不同，以及正常对照组完成不同情绪刺激下认知任务时产生的结果对应的脑区内部加工过程有何差异，目前尚不清楚，需要从不同角度多层次全面系统地对其进行研究，需要综合多种手段和多个方法尝试探索抑郁症、情绪、认知之间的关系及相互作用原理。本课题组采用 ACT-R 结合 fMRI 的方法对抑郁症患者和正常对照组完成不同情绪刺激下加法计算任务的行为实验结果和 fMRI 实验结果进行建模和仿真，从计算机建模的角度解释抑郁症、情绪、认知的相互关系，说明它们相互作用结果的原因和具体加工过程。进一步丰富了抑郁症相关研究内容（抑郁症和情绪、抑郁症和认知等）。可能为抑郁症、情绪、认知的未来研究提供一个新的理论和有效方法，促进抑郁症其他相关方面的研究。

（4）为抑郁症研究提供一个新的研究视角和方法

目前，医生对抑郁症的诊断主要靠主观量表和问卷调查为主，缺乏客观的量化指标。仅靠心理学手段完成抑郁症的诊断相对缺乏一定说服力，从当前的临床诊断可以证实该说法，因此，需要综合多学科、多个方法来完成抑郁症的诊断和康复。非线性动力学方法研究精神类疾病的 BOLD 信号是目前研究的一个热点方向，由于该方法发展时间较短，需要结合其他学科才能展现出其独特

的魅力和突出优势。通过本课题组的相关研究，为抑郁症的非线性动力学研究提供了一个新的研究案例，为研究抑郁症和年龄的关系、抑郁症和性别之间的关系，以及抑郁症患者和正常对照组在熵值上的体现提供了一个新的方法，对交叉学科研究抑郁症有很大的帮助。

综上所述，抑郁症不仅对个人的身心健康有不良的影响，而且对经济发展和社会稳定有很大的阻碍，同时也会加重个人、家庭和社会负担。通过本课题组的研究，不仅对掌握抑郁症患者的认知功能障碍和情绪功能障碍的病因意义重大，而且能为抑郁症患者的康复治疗提供参考，丰富了抑郁症、情绪、认知的相关研究内容和方法，有益于进一步了解抑郁症发病机制和抑郁症患者的诊断和治疗，也为人工智能和web智能的发展有一定的参考意义和借鉴价值。

（5）实践意义

长期以来，不仅心理学方面的研究常常将情绪从认知当中分离开来，计算机和人工智能近百年以来同样忽略了情感因素对智能机器的影响。二十世纪八九十年代，研究者Minsky[62]首次提出，研究智能的关键问题不是智能机器设计是否真正需要情绪参与，而是在没有情绪情况下的机器是否可以成为智能机器。紧接着，计算机相关研究领域逐渐意识到情绪智力在机器智能中的重要性。情绪智力被称为情绪识别能力的大小，同时也常常将其认为是人类智力的一部分[63]。然而，长时间以来，除了在科幻电影中能看到类似人类一样具有情绪的机器人之外，有关计算机在情绪智力方面的科学研究非常匮乏。20世纪90年代末到21世纪初，Picard出版《情感计算》[64]一书后，以上情况才逐渐开始变化。

情感计算是指由情绪引发、与情绪有关的或用于对情绪有影响的计算[64]。研究情感计算的最终目标是希望通过赋予计算机理解、识别、响应和表达人类情感的能力，从而建立和谐的人机环境，使得计算机获得更高、更全面的智能。这样，计算机不仅具备影响人的情绪，而且具有能够被人的情绪所影响的能力，与人类更加友好、自然地进行沟通交流，将能够更好地服务人类和智能机器的情感交互体验。研究情感计算，不仅有助于智能机器的发展，同时对心理学的相关研究也有重要的理论意义。

近些年来，作为新兴的、有研究潜力的交叉学科，越来越多的国家开始重视对情感计算的研究，不仅给予政策倾斜而且对其不断增加资金投入。至全世界越来越多的实验室开始关注并重视对情感计算的相关研究，如瑞士的国家情感计算研究中心、美国MIT的多媒体实验室、清华大学和中国科学院心理研究所等。相关领域专家通过给予计算机识别、感知、响应和表达人类情绪的某一特定方面，如开心、快乐、挫折、悲伤、愤怒、迷茫、应激、生气和兴趣等情绪，不仅研发出了可穿戴计算机设备，而且尝试研究可以聆听人类倾诉及可以对人的悲伤表现出同情甚至能够与人类情绪互动的计算机。

情绪和认知的交互作用关系研究相对于情感计算的研究有何重要意义呢？尽管情绪是人类社会基本精神的体验，然而，相关研究领域专家却一直回避甚至忽略有关情绪的研究，研究的产品也最多算是机械的智能，谈不上真正智能，相关产品越来越无法满足人们的需要。回避有关情绪方面的研究，相关专家也是出于无奈的选择，部分原因是情绪和认知之间的关系非常复杂。幸运的是，伴随情绪与认知交互作用的理念越来越被相关领域专家所认可并逐渐重视，相关专家逐渐重视情绪在人工智能中的作用，同时，将更多的社会资源和资金投入到更加完善的智能研究上。

越来越多的技术人员、工程师、设计者和研究人员开始逐渐意识到，增加情绪对产品非常重要。例如，Norman[65] 提出，愉快的心情能够使其发挥出更好的功能，要使得产品更好，在设计产品的时候对情感因素的设计远远比使用因素的设计更为重要。随着对情绪与认知交互作用的相关研究更加深入，对情绪和认知之间相互关系理解得更加清晰明确了。越来越多的技术人员、工程师、设计者和专家将更多的精力和资金用在如何建立一个更加友好的智能人机交互的关系上。以上研究不仅对人们工作和生活中情绪的理解进一步深化，同时有助于相关专家、技术人员、工程师、设计者研发新产品和开发新技术，平衡情绪与认知在产品设计中的重要性，能够使得人们的需求得到更好的满足。

但是，因为情绪因素非常复杂、随机性强和主观意识强，要对情感进行计算非常困难。例如，虽然国际会议和期刊上发表了诸多有关情感计算的研究报告，但是，到目前为止，测量和表达情绪差异和情绪的相关计算模型这一核心情感计算的研究问题尚未得到有效解决。而且，虽然心理学相关研究已经证实，能够在类似的三维空间对情绪状态进行描述（基于心理学的相关研究已经证实，情绪状态能够在类似的三维空间进行描述），如基于优势度、激活度、愉悦度的 PAD 模型能够完美地描绘情感状态 [48]，然而情感计算的相关研究主要还是对 6 种特征情绪进行识别。为了更深入地对情绪问题进行探讨，Tao 等 [66] 提出一种计算情感的新方法，对实验设计收集到的数据进行分析，同时，根据这些数据特征建立了适合的模型。实验结果证明，基于 PAD 模型的三维立体坐标，PAD 空间能够测量和表达相关的情绪状态。

虽然对情绪进行计算非常困难，在智能系统的情绪学习与表情识别，可以采用情绪和认知交互作用的相关思想进行处理。例如，Niedenthal[67] 发现，在进行实验时，通过调整面部状态和表情进行情绪表达时，情绪表达对情绪信息加工有一定影响：语言发出者的情绪语调与受试者身体情绪表达协调时，能够在情绪交流当中更好地相互理解对方；相反，不协调时，则会对相互理解对方情绪交流产生误解。同时，该研究结果还表明，当人类一致接受某一特定的情感状态时，被试会表达出理解彼此情绪状态的信息，表明一个人做出的相关情绪姿态或选定的相关面部表情对他们的态度和喜好会产生影响。不过，该研究结果也证实，当一个人的活动被抑制时，同样也会影响他的表情体验。以上结果证明，对情绪的思考和感知包含一个人对情绪的感触、运动和知觉的再体验。

除此之外，表情识别的相关研究，特别是有关面部表情和眼睛注意的相关研究，对智能系统的改进和完善有很重要的意义，正如以上研究结果中指出的，眼睛注视对面部情绪识别有很重要的作用。当表情分析系统开始对面部表情进行识别时，眼睛注视是很重要的一个线索 [68]。相对于某些系统来说，如自动化分析面部系统，就是根据面部的某些特征对面部表情进行分析。以上系统中，一个更加有效的对表情识别的重要因素就是眼睛注视。在虚拟的环境当中，人类采用对化身的注意，以达到了解对他人的注意，眼神对于被试的反应有很重要的影响，甚至可以使被试如身临其境一样进行互动 [68]。同样，眼神对人机交互也非常关键。在生成可以表达或识别人类情绪的机器人或者动画人物时，注视方向能够作为非常有效的辅助手段，它可以让化身在虚拟世界里能够更有效表达情感的交流，同时使人机交互更加高效 [68]。

## 1.2 相关研究现状

### 1.2.1 关于抑郁症、情绪和数字计算的 fMRI 相关研究

（1）视觉刺激下加法运算与减法运算的 fMRI 相关研究

简单的数字计算是人类进行认知活动的重要基础，在我们的日常生活中也至关重要。近期以来，有关数字认知加工和数字处理的理论和研究（或称为认知数学或心理运算）越来越受相关研究者的重视 [69]。加法计算等式和减法计算等式在现实生活中最常见且最简单，应用的也最多，同时也是其他运算的基

础。采用 fMRI 研究加法计算和减法计算，对被试进行不同任务时对应激活脑区进行定位，并对其脑区激活的神经机制进行分析。这样的目的是理解人类大脑处理任务时，大脑思维进行信息加工的过程，同时寻找加法运算和减法运算的人类高级认知加工过程的本质。

加、减、乘、除四则运算是最基本的运算模式。大量与数字相关的心理认知方面研究证实加法运算和减法运算是最常见、最常用且最容易理解，加法运算和减法运算不仅自然配对，而且在某种程度上具有一定的相关，减法运算是加法运算和减法运算中难度最大的 [70]。所以以加法运算和减法运算作为研究对象，从复杂程度（减法运算和加法运算）和计算模式（加法和减法的计算过程）两个方面对不同脑区的相互关系和作用进行考察。没有进位和退位的加法运算和减法运算主要是避免个位数运算 [71] 可能从知识库中直接提取结果，本质上讲不是真正的计算。选取配对的没有进位和退位的二位数加法运算和减法运算也是从这个角度进行考虑的，二位数以上的乘除法计算的心算在实际生活中存在困难，然而对一位数的乘法和除法因为有乘法表的记忆，因此，也存在从知识库中直接提取结果的可能，从而导致运算的过程和结果精确度不够。以往相关研究证明人脑中可能存在特定的脑神经网络处理精确计算，这种网络不同于数字估算的网络，也不同于数字评估、比较、命名等神经系统。加法运算可能采用数字编码和数字检索两种操作机制，加法运算以数字检索为主，减法运算则以数字编码为主 [72]。

每个被试完成实验的过程如下：看到屏幕视觉刺激任务—心里计算—对显示屏显示的等式结果正确与否进行判断—同时按照设定按下对应按键等。因此，计算的步骤比较多，也比较复杂，很多脑区共同作用才使其得以完成。认知计算不仅仅是单纯的数字计算，也需要注意执行、对数字进行理解、对数字记忆、从知识库中检索和提取结果共同配合完成 [73]。McCloskey 研究团队提出的计算模型中，从对数字的理解机制出发，从事实知识库中提取相关知识，接着开始对计算流程进行操作，最后输出相应计算结果，这个流程需要不同的功能脑区来完成，因此需要对整个大脑的神经活动进行掌握 [73]。

张权等 [74] 通过对 12 个成年正常人完成加法运算和减法运算的 fMRI 研究发现，顶上小叶、顶下小叶、岛叶、扣带回、前额叶、小脑及枕叶等有不同程度激活，该研究结果与以往相关研究结果相似。计算模式和实验任务的复杂程度不同，可能造成相同激活脑区的激活程度和范围有差异，同时也会产生不同的激活脑区。各个实验设计内容和内容的复杂程度引起的脑区激活差异有一定的相关性。

张权等发现被试在进行简单心算任务时，激活的主要脑区在额顶叶表现比较明显。在进行相对较为复杂的减法运算时，额顶叶的激活程度更加强烈。额顶叶主要负责思维理解与抽象提取等相关认知活动，并负责检索功能与执行功能，而且和工作记忆有很大的关联。前额叶（BA6/BA9）进行心算任务时的主要作为：对运算流程进行排序，保证计算过程能够正确的执行，同时将存储中间计算的结果，形式以工作记忆的方式 [74]。完成二位数减法计算任务不是单纯靠从知识库中提取检索结果，也不是自动产生结果，解决二位数减法计算需要多个计算步骤的协调执行，对工作记忆的额顶叶需求增加，顶叶的“移位”“空间”（如必须进行“个位”与“十位”两个单位系统进行分别计算与组合）[75] 操作。张权团队的研究发现，在进行二位数减法计算任务时，右侧前额叶的激活较为显著，由此可知，右侧前额叶在处理简单任务时激活较为显著，随着实验任务内容难度增加，必须有右侧前额叶参与才能使任务得以完成。以往关于记忆的实验结果与张权团队发现的结果基本相同，也就是增加记忆的符合会导致更多相关脑区的激活程度和范围，其中表现最显著的是在背外侧前额叶脑区，这时需要协调信息加工流程。Rypma 和 Espostio[76] 进行的 fMRI 相关研究也同时发现右侧前额叶皮层的激活只发生在高记忆负荷。

除此之外，在进行复杂计算任务时，双侧顶下小叶、中央前回 / 双侧运动区、左侧额下回后部的激活范围与激活程度明显比进行简单任务显著。Menon 等 [77] 在进行相关实验的过程中，同时还发现任务内容的难度一旦增加，激活增强的脑区还包括双侧顶内沟，因此可以认为这些相关脑区与计算任务的复杂程度关系密切。以上说明随着计算难度的增加，相关功能区需要动员更多的神经元参与应对复杂任务。

张权团队通过实验研究同时发现双侧小脑脑区也有一定程度的激活，近期也有研究者提出，小脑不但对躯体有平衡作用、对肌肉进行调节和运动协调之外，对学习过程、记忆持续时间及调控时间等也可能有一定的参与 [74]。然而小脑在算术运算过程中的作用和功能仍然需要做进一步研究。

随着对数字计算认知功能方面进一步的深入研究，认知心理学的相关研究者提出，人类的左脑和右脑在进行数字计算任务时所扮演的角色和作用可能不尽相同，在功能上也可能存在一定程度的偏侧化 [75]。Burbaud 在 20 世纪 90 年代利用 fMRI 方法对算术运算的脑区加工做了尝试性研究。在该研究中，该团队以减法运算为实验设计内容，该研究结果显示，被试在额中回脑区的左侧激活较为显著，然而被试为左利手的则表现为双侧脑区共同激活的现象。但因为当时受到理论和成像技术等方面的种种限制，成像范围只出现在额叶脑区，没有对其他相关脑区做进一步研究 [78]。然而，在张权等的实验研究中发现，额下回后部、前额皮层、顶下小叶和运动前区偏侧化程度不同。在算术运算的过程当中，前额叶和运动区域对注意控制和工作记忆的作用非常重要，同时在进行简单数字运算任务时，负责从记忆库中提取知识的脑区是额下回后部，顶下小叶可能在进行默读运算任务时的作用是至关重要的 [75]。

由以上可知，被试处理简单数字计算任务参与的主要脑区有前额叶和后顶叶脑区，左侧前额叶脑区与顶叶脑区可能主要参与较为复杂的算术运算任务。fMRI 的优势为研究不同数字计算任务的相关脑区活动情况提供了可视化的技术保障，不仅能够对不同认知任务对应的脑区进行定位，而且能根据各种实验设计来研究相关脑区进行不同复杂程度任务时的交互作用关系。但是，算术计算任务的信息处理过程不仅是多元的，而且还非常复杂，还有很多的奥妙等待探索，相信随着 fMRI 及相关技术手段的不断提高，交叉多学科会逐渐完善，研究方法也会逐渐多样并科学化。由于算术计算任务调用的脑区程度及范围不同，还需要采用多种实验方法、系统全面地对其进行详细的研究。随着脑成像技术的日益成熟、研究方法越来越科学及交叉学科合作研究成为一种趋势，很有可能可以从更加精确的角度反映不同认知计算任务对应的脑区活动，同时建立该认知计算的计算机模型，解释不同数字计算对应的脑区加工过程，进一步验证数字计算实验任务的行为结果和 fMRI 结果。

（2）抑郁症、情绪的 fMRI 相关研究

自从 20 世纪 Ogawa 研究团队提出 BOLD 信号 [79]，采用 BOLD 信号研究人脑 fMRI 的方法越来越受到相关研究者的青睐。有关 BOLD 信号在心理学、认知科学、精神病学及神经科学等领域的研究越来越受到重视 [80]。fMRI 是可以无损伤探测人脑的有效手段。由于 fMRI 本身所拥有的优点，脑神经和 BOLD 信号的相关研究受到越来越多国际与国内相关研究者的重视，尤其在学术和科研领域。相关领域专家在实验设计中引入不同的外部刺激（如视觉、听觉等）引发不同的脑部激活，从而引发不同的 BOLD 时空特性，同时在两者之间建立对应关系。因为不同的实验设计采用不同的外部刺激方式和实验内容，所以它

们的实验结果也不完全一致。

（3）抑郁症、情绪的BOLD信号研究

情绪是外部刺激导致人们的生理反应与相应的心理反应。大量相关研究证实，人类大脑的回路是控制情绪刺激的脑区，大脑回路加工和整合情绪刺激的相关信息，从而产生相应的情绪行为。Phillips等[81]发现，两个神经系统完成情绪操作：一个是负责产生对应情绪状态和鉴别相应情绪意义及在非注意的状态下调节情绪的腹侧系统；另一个是负责注意情况下调节情绪的背侧系统。

情绪作为人类大脑的高级认知功能，用来保证人类的适应和生存，对周围事物的记忆、学习、决策起着不可或缺的重要作用。有关情绪的研究发现了加工情绪的大脑通路，通过对正常人进行自我情感诱导而引起烦躁不安等相关研究，进一步发现背外侧前额叶周围血流量显著增加。在对正常女性被试进行分辨面部刺激表情的实验研究时得出，在悲伤情绪刺激时，血流量增加的脑区有双侧额下回皮层与右侧前扣带回。最近几十年以来，国内外的相关研究者对正常人进行情绪刺激时发现，正常人在识别情绪图片时，背外侧和额叶内侧的血流量显著增加。通过对不同年龄阶段进行情绪识别任务的研究发现，老年人识别情绪刺激图片的任务时，其左侧前额叶明显激活。采用fMRI研究正常人识别正性情绪与负性情绪时，大脑激活及加工过程是否相同，验证人类在不同情绪刺激下差异的神经基础，为情绪加工相关研究提供相应的客观材料，为抑郁症患者在进行情绪识别任务时的相关研究工作提供参考。

抑郁症的主要症状是认知功能障碍和情绪功能障碍，但是至今仍然不清楚抑郁症主要症状的神经机制原理。国外采用fMRI对情绪功能障碍和认知功能障碍的相关研究表明，导致抑郁症产生和持续主要是因为大脑相关区域的代谢功能异常，其中，扣带回、左额叶、杏仁核及额叶等脑区的功能异常和抑郁症有一定关系[82]。目前为止的相关研究主要以认知功能障碍为主，有关抑郁症的情绪加工功能障碍相关的神经基础方面的研究严重不足。近期对抑郁症患者进行不同面部情绪刺激的fMRI研究发现，杏仁体、前额脑区、腹侧纹状体、海马旁回等脑区对负性情绪图片刺激反应更加明显。国内关于正常人在不同情绪下的研究，以及抑郁症患者在不同情绪刺激下的研究非常有限，研究抑郁症患者在不同情绪刺激下认知计算的信息加工过程不仅有助于寻找抑郁症的生理病理机制，而且能对抑郁症的临床诊断、药物治疗、心理治疗、疗效评估及康复效果诊断提供客观依据。

抑郁症的主要临床表现是显著而持久的情绪低落。抑郁症患者不仅情绪功能障碍方面表现突出，还常常有认知功能障碍方面的表现，尤其是与执行功能相关的前额叶脑区受损明显。以往对抑郁症的相关研究比较重视患者的工作记忆等相关认知功能障碍，对于情绪参与、情感成分和情感作用的研究相对匮乏。神经心理学相关研究发现，抑郁症患者的受损脑区与对情绪刺激的记忆、感知和反应等不正常关系紧密。相对于正常对照组，抑郁症患者识别面部情绪刺激图片的正确率较低[44]。患者对情绪刺激的反应很容易被注意偏向所干扰，但是对高兴等正性情绪刺激图片的反应较为迟缓，却发现其对负性情绪刺激的记忆较强[50]。抑郁症患者在加工社会性和情绪刺激时，注意偏向与功能障碍可能使抑郁症患者产生人际交往和情感方面的障碍，而导致抑郁症的产生和持续发作[43]。综上所述，清楚了解抑郁症患者进行情绪加工和处理的神经机制，对抑郁症的临床诊断、康复治疗、疗效评估意义重大。

20 世纪以来，随着对抑郁症研究的逐渐深入，相关研究者越来越相信多种内在和外在因素影响着抑郁症患者的执行功能，其中一个至关重要的因素就是来自情绪。同时，由于研究脑功能和神经结构的相关技术和手段不断进步和完善，也突破了对抑郁症的了解只停滞在使用主观量表评估作为抑郁症的临床诊断、疗效评估及心理精神分析的层面。从临床中可以知道，患有基底神经节、前额叶损伤、帕金森氏病和亨庭顿氏舞蹈病的患者，产生抑郁症的概率显著高于其他脑区同等程度损伤的患者，老年抑郁患者的脑室显著大于正常老年人，而且其白质的损坏程度也比较严重，这可能说明抑郁症的以上表现与脑内部功能与神经结构的异常有密切关系。因此，相关研究者对抑郁症患者的脑功能与神经结构的异常关注较多[48]。

采用磁共振成像、功能性磁共振成像、正电子发射断层扫描术等方法对抑郁症患者的相关研究发现，其大脑内部的特定脑区存在功能和结构异常。通过对以上方法的对比可知，影像学技术的发展在近些年是一种常用的研究手段。广义地讲，可以包含磁共振弥散张量、磁共振波谱、血氧依赖水平成像及用来测量脑血容积或脑血流灌注成像。fMRI 是近些年发展最快、最受欢迎的一种成像技术，20 世纪 90 年代，Ogawa 等首先提出了 fMRI，它的基本原理是脑神经活动引起局部的脑血流含量增加，增加的脑血流比局部代谢所需要的含量显著较多，使活动脑区的血氧含量明显增加。然而，血氧含量的增加能够增强对应脑区信号增强。把利用大脑信号与氧化血红蛋白浓度、局部代谢的关系叫作

BOLD[79]。所以，给被试一个特定的刺激可以激发相应的脑功能和脑部激活，认知神经科学的研究者利用 fMRI 技术探测特定脑区的认知功能和情绪功能。近期以来，采用 fMRI 技术研究人类大脑对不同情绪刺激的响应机制越来越受到重视，特别是对患有情感功能障碍的情感类疾病的神经机制，已成为目前相关领域专家的常用方法。

最近的相关研究发现，抑郁症患者脑功能和结构异常主要发生在基底神经节、前扣带回、丘脑、海马体、杏仁核和前额叶皮层。目前的相关研究表明，抑郁症的壳核、尾状核和海马体的体积变小 [54]。有关抑郁症认知功能方面的 fMRI 相关研究 [50] 表明，正常对照组和抑郁症患者完成简单任务时，在进行认知加工过程的脑区信号之间没有显著性差异，然而随着实验任务难度的不断增加，其脑部信号的激活程度也随之增强，尤其在前扣带回和腹外侧前额叶皮层更为明显。当抑郁症患者进行工作记忆操作时，在神经网络的资源一样时，抑郁症患者要达到和健康人同样的操作水平，则需要更多的脑部资源参与。可能由于抑郁症患者的脑部资源缺失，从而引起在临床诊断上出现抑郁症患者在进行认知时比正常人迟缓的现象。有关抑郁症患者情感异常的大脑认知相关研究中，采用不同面部表情作为对应的刺激。2005 年，Surguladze 等 [83] 研究发现，抑郁症患者对高兴图片刺激和悲伤图片刺激做出的反应，以及大脑内部进行情绪处理的模式差异显著。抑郁症患者处理逐渐增加的高兴面部图片刺激时，其右侧壳核和双侧梭状回的激活程度显著低于正常人，在面部表情越来越悲伤时，抑郁症患者的左侧海马体与杏仁核复合体、左侧壳核和右侧梭状回的激活显著，正常人的以上表现恰恰相反。近期，抑郁症患者情绪方面的相关研究普遍认为，由于皮层—边缘系统调节情感的功能异常，从而使其无法有效抑制负性相关情绪信息，然而，皮质下的功能区域加工负性情绪信息的激活程度显著增强，反应时增加等。

相关研究者除了对被试施加特定的刺激任务，以此希望得到自己预期脑区激活的程度和范围，有的研究者在被试休息、安静、无刺激、清醒的状态下（被称为静息态）对其研究。正常人在静息态下大脑内部的网络活动具有非常高的一致性，其中，将双侧顶叶区、内侧额叶、前扣带和后扣带称为默认网络，该网络主要负责自我意识、内在活性等。2008 年，Hamilton 和 Gotlib[52] 对抑郁症患者在静息态下的相关研究发现，抑郁症患者的前扣带回和丘脑的功能显著增强。对抑郁症患者任务态下的脑区激活研究发现，其皮层调节能力缺失，边缘结果—皮层下组织功能连接显著增强。任务态是相对于静息态的一种对照状态，任务态下的实验设计对脑区的激活程度更加明显，但是到目前为止，相关研究者对静息态下大脑激活差异的研究也十分重视。近期对以往不关注的反相激活现象的重视程度和任务内容的设计关系不大，很多相关研究结果得出的脑区激活程度和范围较为一致，负激活的定义由此提出。负激活的大脑区域与静息态下的默认网络类似，到目前为止抑郁症患者负激活方面的相关研究还比较少。

### 1.2.2 关于非线性动力学方法的脑信号研究现状

1960 年前后，非线性科学开始出现，在 20 世纪被自然科学称为“第三次革命”，广泛应用在军事、生物、虚拟经济、物理、天文学等领域。脑信号作为反映人脑内部神经元活动的重要指标，能够有效反应人脑生理和病理状况。目前相关研究发现，人类大脑是一个动力学系统，该系统是非线性的，被称为非线性动力学系统 [84]。相关研究发现，人脑的功能状态与其脑信号中的混沌因子等参数有很大关联，因此，在脑信号的研究中常常采用李雅普诺夫指数、复杂度、样本熵等非线性动力学参数 [85]。由于脑信号是人脑在不同情况下表现不同的非线性信号，从而导致混沌特性的产生。作为非线性动力学系统的一个主要指标，混沌特性主要有以下 4 个：①敏感性；②确定性；③有界性；④非周期性。在大多数生物和物理系统，基本都有混沌特性，在自然界中没有完全的确定系统，相对于传统意义上的线性系统，用非线性系统表达自然界中的生物和物理行为更为合适。

有关研究发现，脑信号越紊乱其熵值越大，这表明熵与脑损伤程度、疾病严重程度有很紧密的关系。脑信号是很多大脑细胞群以不同活动形式的表现，不同的脑部激活信号可以得到不同的脑信号熵值。所以，熵值大小与脑信号的激活强度关系密切，同时，熵值的大小也间接体现了大脑激活的程度及活动强度，可以表达和体现具有该熵值被试的疾病状况和疾病诊断。但是，要实现上述的关键主要是能够找到一个准确有效的计算熵值算法，进而准确量化脑信号，最后依据熵值的大小对人类的精神疾病判断和预测提供准确、有价值的判定。

脑信号分为脑电信号和 BOLD 信号，目前一般采用快速傅里叶变换的方法将传统脑电信号的时域转换为频域，接下来将不同范围的频谱进行分组，并对其特征进行分析。但是，上述的方法实现起来比较困难，主要体现在一方面脑电信号是非周期随机信号；另一方面是脑电信号的复杂性。但是非线性理论发现，非周期的、复杂的特征同时也是“自组织”性质确定的、低维的系统导致的，这种自组织行为是其本身的特性所引起的，而不是外界产生的。由此可知，采用非线性理论研究传统脑电信号具有本身的优势和特有的研究价值。

目前，研究非线性动力学的参数主要有基于混沌理论的分形维数、最大李雅普诺夫指数、关联维，基于信息学理论的 Renyi 熵、小波熵，基于测量复杂度的长程相关性、复杂度等。系统的复杂程度可以用关联维得以体现。系统的特征指数是李雅普诺夫指数，它能够体现系统的变化程度是以什么样的速率变化。以上方法在计算量和数据存储方面较为烦琐，因此，有相关研究者对其进行了改进，提出相应的改进算法，提出了很多新的非线性动力学参数，如近似熵、小波熵等，并对相应的脑信号进行了研究，取得了更好的效果。

采用非线性动力学方法研究脑信号主要包含麻醉对人脑的影响、新生儿的大脑发育和区分不同睡眠时间等有关问题，对脑损伤的研究主要包含阿尔茨海默病、帕金森、精神疾病和癫痫等有关精神类疾病，目前的研究相对比较成熟。但是采用非线性动力学方法研究抑郁症的文献相对比较匮乏，也是刚刚起步，主要停留在对非线性动力学参数的对比分类和简单计算比较，并没有对非线性动力学方法研究精神类疾病做进一步研究。

（1）抑郁症脑电信号的非线性相关研究

抑郁症是一种最常见、最严重的精神类疾病，患者一般缺乏生活乐趣，对周围的人和事提不起兴趣，注意力分散，反应迟缓，严重时可能导致患者自杀 [40]。到目前为止，对抑郁症的诊断常常靠医生的经验及主观的问卷调查量表，而不是依据客观诊断指标和标准。近期，有关研究者尝试采用非线性动力学方法研究抑郁症患者的脑部异常，是一个新的研究方向和研究领域，也是未来研究抑郁症的新的有效方法和思路。研究非线性动力学方法主要采用模糊熵、近似熵、多尺度排列熵、符号转移熵、扩散熵、符号相对熵、符号熵、信息熵、奇异谱法、小波变换相空间法、去趋势相关分析法、关联维数、空间重构等方法。研究对象主要包含癫痫病患者与正常人脑电信号的非线性参数差异对比、针刺脑电信号比较、不同认知任务下的脑电信号比较、静息态下年龄或性别等方面的脑电信号比较、正常对照组和精神类疾病患者的脑电信号比较、不同情绪刺激下的脑电信号比较等方面。目前，虽然对抑郁症患者脑电信号的非线性动力学有一些研究，然而不管是内容还是方法都非常有限，同时，现有的算法本身也有一定的局限性，对抑郁症的临床诊断和康复治疗效果评估依然作用不大，一方面需要对现有算法进行改进和完善；另一方面亟待新的非线性动力学参数和指标，以丰富相关研究内容，使研究结果更加准确。

综上所述，本课题组提出一种通过划分时间序列功率谱定义的改进熵，同时对脑电信号进行计算并分析的新方法。采用该方法先对原始数据进行预处理，然后进行分析并仿真，研究发现脑电信号与其提出的改进功率谱熵之间的相互关系呈现正相关。依据它们之间的正相关关系，本课题组根据本人提出的改进方法分析了抑郁症患者组和正常对照组的脑电信号，并做了统计检验和对比分析。该研究发现：抑郁症患者组的改进功率谱熵值显著低于正常对照组的改进功率谱熵值。说明功率谱熵可以有效表达人类大脑的电生理活动，同时能够反映大脑活跃性程度大小，能为研究不同刺激引起大脑激活程度、精神类疾病患者和正常对照组的差异等提供客观量化指标。张胜等采用小波熵对抑郁症患者的脑电信号进行了研究，结果表明，抑郁症患者静息态下的小波熵值明显比正常人大，表明抑郁症患者的脑电信号复杂度大于正常对照组[86]。近期，Frantzidis团队利用小波熵算法对正常对照组和年龄匹配的抑郁症患者进行区分[86]，分类结果的正确率可达 89.39% 左右，而且采用该方法分类的灵敏性和特异性分别为 93.94% 和 84.85%，表明小波熵算法可以作为诊断抑郁症和评估抑郁症患者康复治疗效果的一个客观量化方法。近期出现的 Renyi 熵是依据其子序列在全部序列中呈现的频繁程度进行复杂度计算，该方法能够体现时间序列幅值在整个序列的分布状况[86]。李颖洁研究团队采用 Renyi 熵对抑郁症患者的脑电信号的 α（8 ～ 13 Hz）波进行了研究，发现正常对照组的 Renyi 熵显著低于抑郁症患者，表明抑郁症患者的脑电信号 α 波的幅值更加分散，成分更为复杂，运动的形式更加多样[87]。他们还利用 LZC 复杂度对抑郁症患者的脑电信号进行分析和研究，分别对正常对照组、精神分裂症患者、抑郁症患者分析和研究发现，抑郁症患者每个脑区对应的复杂度都比其他组别高，差异性也最为明显[87]。同样，Méndez 团队的研究结果也比较一致，其研究结果表明，经过半年的诊治，抑郁症患者下降较为明显的是 LZC 值[88]。该研究结果表明，杂乱无序的抑郁症脑电活动，通过治疗缓解了抑郁症状，其脑电信号相对治疗前出现正常趋势。

最近，Linkenkaer 等[89]依据去趋势波分析方法，分析抑郁症患者的脑电信号异常情况发现，在 5 ～ 100 s 时间区间，正常对照组在 $\theta$ 波范围内的长程相关性显著高于抑郁症患者（$P < 0.002$），同时也对抑郁症患者的左侧颞叶脑区的脑电信号在 $\theta$ 波范围内 DFA 标度的指数值 $\sigma$（$\sigma$ 是区间长度函数关系和去趋势波函数的线性拟合斜率，取值范围在 0.5 ～ 1.0，则说明该脑电信号存在长程相关）和 Hamilton 调查表的分值明显关系密切，重度抑郁症患者脑电信号在 $\theta$ 波范围最为显著。Lee 等 [90] 利用 DFA 方法对抑郁症患者脑电信号在宽频范围的长程相关性进行了尝试性研究，结果表明正常对照组和抑郁症患者的脑电信号都符合长程相关性的系统动力学特征，同时发现抑郁症患者除 O2 导联的标度值比正常对照组小以外，其他导联（O1、T3、T4、C3、C4、F3、F4）均比正常对照组大。导致这样结果的原因，可能是相对于正常对照组，抑郁症患者的自相似性更强，因而抑郁症患者的震荡模式相对比较平滑，其脑电信号的衰减速度也相对比较缓慢。另外，Hosseinifard 研究团队利用 DFA 对正常对照组和抑郁症患者进行分类研究，在该方法中主要利用机器学习来获得标度值，该分类方法的正确率在 76.6% 左右 [91]。对标度指数和 Beck 抑郁量表分值较高的抑郁症患者做相关性研究发现，除 O2 导联相关性不明显之外，其他导联的相关性都很明显。近期，Bornas 团队对 56 个被试在负性情绪刺激下的脑电信号研究结果表明：相对于中性情绪刺激，抑郁症在负性情绪刺激下的振荡特性差异与上述研究结果相同，由此可以猜测，抑郁症患者在得病之前可能已经受到了负性相关刺激而导致抑郁症发生，而且从长程相关性角度分析，相对于正常人其已存在异常。所以，长程相关性可能可以作为抑郁症临床诊断和抑郁症康复治疗效果评估的一个有效的客观量化指标 [92]。

近年以来，越来越多的研究者开始关注并着手研究采用非线性动力学方法对抑郁症患者脑电信号进行分析，不断尝试对现有算法进行改进和完善并尝试提出新的算法。虽然目前的研究也取得了一些成果，但不管从改进方法还是提出新的算法都是非常有限，主要还是停留在采用现有算法应用到不同实验设计的数据上，并没有对抑郁症产生的病理机制做深入研究，也没有从分析现有算法上对其进行实质改进，甚至提出更有效算法，而且大多数研究成果也一直停留在推测和假设的研究阶段，进一步的探索和分析还非常匮乏。

（2）BOLD 信号的非线性相关研究

不同人的大脑活动复杂性不同，性别、年龄、教育程度等不同，其复杂度也不同，同时又与年龄、性别、教育程度等之间有一定的规律，研究不同人的大脑活动复杂度可以为各类人群大脑活动异常程度及智商等方面的研究提供有效的信息。到目前为止，相关研究领域主要利用 fMRI[46] 对人脑活动的脑信号差异进行研究，近年以来，采用非线性动力学熵值间接体现不同人的 BOLD 信号成为一个热点研究方向。

目前，相关研究领域越来越多地采用非线性动力学方法对 BOLD 信号进行研究，如 Kim 等 [93] 提出的多尺度熵、Bachmann 等 [94] 提出的模式熵、Jimbo 等 [95] 提出的样本熵等。从以上研究结果可以发现，一些方法分析 BOLD 信号在理论上具有一定的局限性；另一些方法需要其他方法对分析的数据预处理后才能使用，进而严重影响分析结果的有效性和准确度。虽然 Zorick 等 [96] 提出的非线性动力学方法——基本尺度熵具有快速、简单和抗干扰能力强等特点，而且对有噪声干扰、非平稳、短时的数据非常有效，目前在认知科学、精神病学等领域已有很多相关研究。

基本尺度熵算法不但快速，而且简单，采用基本尺度熵分析和处理脑信号时需要调整参数，分别是基本尺度参数 $a$、截取的矢量维数 $m$、数据序列长度 $N$。根据以往相关研究和本课题组多次尝试对比发现，选取与原始数据长度相近的数据序列长度 $N$ 最为合适，且矢量维数选取 4 比较合理，所以采用基本尺度熵分析 fMRI 数据信号主要是通过多次调整基本尺度参数 $a$，以得到相对好的信号识别效果。

采用 fMRI 对不同年龄、教育背景、性别等人的脑信号分析和研究发现，基本尺度熵值的大小可以有效识别其脑区激活的 fMRI 信号特征，可能可以为抑郁症患者的临床诊断和康复治疗效果评价提供一个客观量化指标。通过相关研究发现：年龄相同、教育背景相同等条件下，男性和女性的基本尺度熵值不同，即 20 岁后男性的基本尺度熵值比女性小；其他结果相同，55 岁之前人类的脑信号的基本尺度熵随着年龄的增大而增大，55 岁以后人类的基本尺度熵值随着年龄的增大而减小。除此之外，基本尺度熵可以有效区分老年、中年、青年、少年等不同年龄阶段，能够根据被试脑信号的基本尺度熵值的大小来判断被试的大概年龄。

## 1.3 课题来源和研究内容

### 1.3.1 课题来源

本课题研究内容来自国际科技合作专项支持项目“基于脑信息学的抑郁症

病理机理研究及诊治应用”，该项目批准号为 2013DFA32180。本课题紧紧围绕探索导致抑郁症患者 fMRI BOLD 信号在不同情绪刺激及不同计算时的差异，并对这种差异进行建模和仿真，解释其高级认知加工过程，同时，进一步验证行为实验和 fMRI 实验结果，并提出采用模糊近似熵的非线性动力学方法对不同性别和不同年龄阶段及抑郁症患者和正常对照组的 BOLD 信号进行多角度、系统性分析。为进一步的抑郁症患者非线性动力学研究提供新的研究视角和方法。为未来抑郁症的情感障碍、认知障碍、非线性动力学研究在理论和方法上提供参考和借鉴，为精神类疾病的研究提供新的研究思路和方向。

### 1.3.2 研究内容

目前，有关抑郁症的研究在实验设计或症状方面相对比较单一，缺乏系统、全面的实验设计和理论方法；抑郁症研究方面对实验设计和实验结果做计算机建模和仿真，从而对其做进一步解释和验证的系统研究相对较少；非线性动力学方法已经应用于精神类疾病方面的研究，但是，也有一些算法存在某些不足和缺陷，需要对其进行进一步的改进或者提出新的研究算法。钟宁研究团队提出采用脑信息学系统方法学的方法，系统、全面地从实验设计、数据采集维度、被试情况、数据采集、数据整理、数据分析、对结果解释和验证，以及提出新的算法多角度、全方位对抑郁症患者的 BOLD 信号进行研究。本课题针对抑郁症的主要症状：情绪功能障碍和认知功能障碍，通过对抑郁症患者在情绪承受能力、认知难易程度、实验时间忍受程度等方面进行预实验测试。本实验设计内容选择没有进位和退位的二位数加减法计算，根据预实验测试结果，从国际情绪图片库选出正性情绪、中性情绪和负性情绪图片作为研究对象，分别采集在校大学生完成没有进位和退位的二位数加减法计算任务、在不同情绪图片刺激下完成没有进位和退位的二位数加减法计算任务（以下简称加减法计算）、来自首都医科大学附属安定医院门诊的抑郁症患者及来自学校和附近社区的正常对照组在不同情绪图片刺激下加减法计算任务的 3 套行为和 BOLD 实验数据。其中，fMRI 分析由本课题组成员完成，本课题只对 3 套数据的行为实验结果和 fMRI 实验结果进行分析和建模仿真。同时，通过对非线性动力学方法调查和分析及对现有算法进行对比和研究，本课题结合现有模糊算法和近似算法的优点提出一种新的非线性动力学算法——模糊近似熵算法对不同年龄、不同性别、不同组间（抑郁症患者和正常对照组）的 BOLD 信号数据进行分析，并与分析 BOLD 信号现有的非线性动力学方法进行分析对比，结果证明本课题提出的新算法更加有效。

## 1.4 本书组织结构

本书共由 7 章组成，章节关系如图 1–1 所示，各章的主要内容如下。

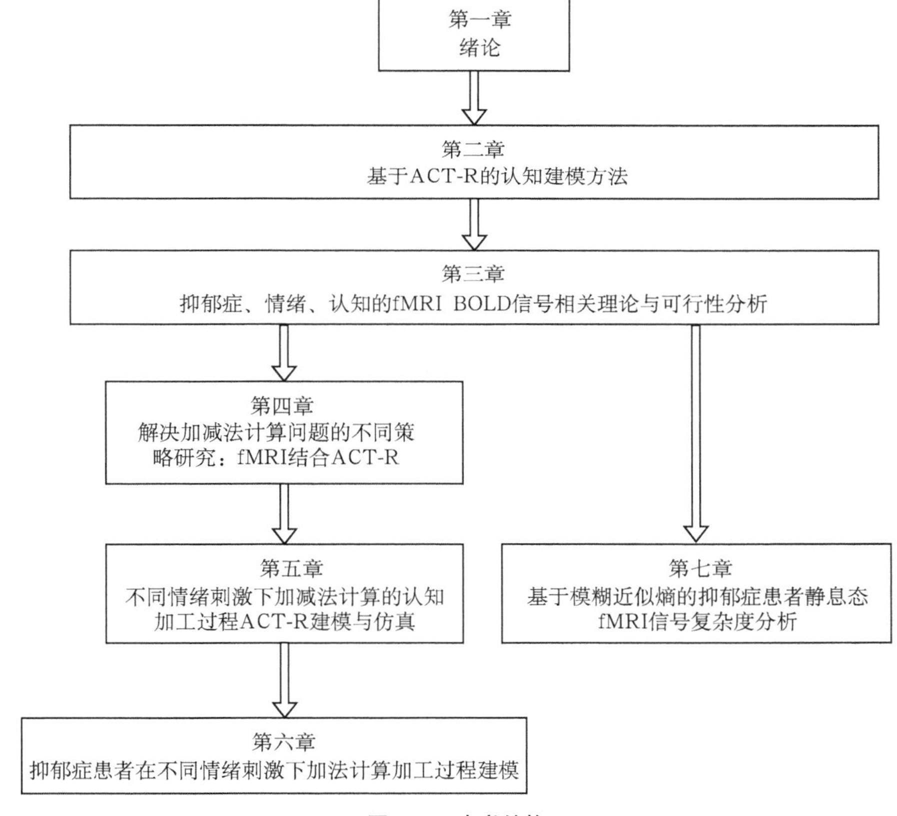


**图 1–1 本书结构**

第一章：绪论。本章对本书相关研究的背景、目的、意义，以及国内外研究现状、本课题研究内容及组织结构做了简单总结。

第二章：基于 ACT-R 的认知建模方法。本章主要采用 ACT-R 认知建模技术结合 fMRI 脑成像实验的方法展开研究。为了容易理解后面章节的研究思路和实现过程，简要介绍了 ACT-R 的理论体系、ACT-R 结合 fMRI 的研究方法及理论驱动的科学研究特点，还介绍了课题研究选取的实验范式和实验任务的设计思路。

第三章：抑郁症、情绪、认知的 fMRI BOLD 信号相关理论与可行性分析。本章首先对本课题中采用的高级认知建模与仿真平台 ACT-R 开发平台做了介绍，对 fMRI 及本书的研究对象 BOLD 信号原理和特征进行阐述。然后简明扼要地对 BOLD 信号的生理基础进行介绍，从人脑解剖学和神经学两个方面对 BOLD 信号进行阐述，从人脑生理功能和生理结构出发，解释采用非线性动力学方法分析抑郁症患者 BOLD 信号的有效性和合理性。同时阐述了非线性动力学方法用于分析 BOLD 信号的常用方法、基本理论和相关计算流程，不仅对后续各章的分析和研究奠定了理论基础和技术支持，而且为理解各章内容和技术提供方便。最后论证了采用非线性动力学方法分析抑郁症 BOLD 信号的可行性。

第四章：解决加减法计算问题的不同策略研究：fMRI 结合 ACT-R。本章介绍了加法计算和减法计算的 fMRI 相关研究，首次提出了没有进位和退位的两位数加法计算和减法计算实验设计，并采用脑信息学系统方法学中的 ACT-R 结合 fMRI 技术手段对加法计算和减法计算的高级认知加工过程建模和仿真，从而对加法计算和减法计算的行为结果和 fMRI 实验结果进行解释和验证，并对加法计算和减法计算的实验和建模仿真结果进行对比。实验结果说明：行为实验结果发现，在反应时方面，加法计算比减法计算的反应时短；在正确率方面，加法计算的正确率高于减法计算；fMRI 实验结果表明，被试进行减法计算时的相关脑区激活程度比加法计算强，与以往的相关研究一致。ACT-R 建模和仿真结果进一步验证了行为实验结果和 fMRI 实验结果。

第五章：不同情绪刺激下加减法计算的认知加工过程 ACT-R 建模与仿真。本章提出行为实验与 ACT-R 仿真实验相结合的方法对不同情绪刺激下减法计算的认知加工过程进行分析与研究，并与不同情绪刺激下加法计算的认知加工过程对比。本研究采用 28 个来自北京工业大学在校学生的被试数据（男 16 名，年龄 18 ～ 30 岁）进行分析。我们的结果与情绪计算理论一致且部分支持了 Dehaene 的三联体模型。行为实验结果显示：在正确率方面，正性情绪刺激下加法计算为（94.2 ± 3.2）%，中性情绪刺激下加法计算为（95.0 ± 1.7）%，负性情绪刺激下加法计算为（91.7 ± 7.6）%，正性情绪刺激下减法计算为（92.7 ± 6.1）%，中性情绪刺激下减法计算为（92.9 ± 2.8）%，负性情绪刺激下减法计算为

（90.0 ± 2.9）%；在反应时方面，正性情绪刺激下加法计算为（2052 ± 503）ms，中性情绪刺激下加法计算为（2058 ± 478）ms，负性情绪刺激下加法计算为（2179 ± 562）ms，正性情绪刺激下减法计算为（2194 ± 578）ms，中性情绪刺激下减法计算为（2256 ± 608）ms，负性情绪刺激下减法计算为（2362 ± 563）ms。结果显示，正性情绪促进认知计算，负性情绪抑制认知计算；对不同情绪刺激下加减法计算的具体加工过程及脑区协同工作的 ACT-R 建模与仿真结果进一步验证了行为实验结果的有效性。与情绪计算及部分三联体模型内容相一致，为人类正确理解人脑完成不同情绪刺激下认知加工过程提供了新的手段与方法。

第六章：抑郁症患者在不同情绪刺激下加法计算加工过程建模。本章分析了抑郁症的情绪功能障碍和认知功能障碍两个主要症状。通过对抑郁症患者在情绪承受能力、认知难易程度及实验时间承受度等方面进行预实验测试。经过对实验数据的分析，首次提出正性、中性、负性情绪刺激下没有进位和退位的两位数加法的实验设计，该设计综合抑郁症、情绪、认知 3 个研究对象，对 3 个研究对象的特点进行综合分析。本章实验采集到来自首都医科大学附属安定医院门诊部的抑郁症患者 23 个被试数据（男 15 名，平均年龄 32.76 岁，平均教育程度 10.37 年）；采集到来自某高校学生、在职员工及周围社区的正常对照组 23 个被试数据（男 15 名，平均年龄范围 31.72 岁，平均教育程度 9.88 年）。所有被试均为右利手，无其他伴随精神类疾病，体内无金属，裸眼视力正常或校正后正常。本章采用 ACT-R 软件平台对抑郁症患者和正常对照组完成不同情绪刺激下加法计算的认知加工过程提出假设模型并仿真。实验结果表明，同种情绪同样计算下抑郁症患者的反应时大于正常对照组，正确率低于正常对照组，BOLD 信号变化率大于正常对照组；不同情绪下加法计算之间存在差异。ACT-R 模拟时间与行为时间有效拟合，验证了行为结果的有效性；与 BOLD 信号变化率有效拟合，验证了假设模型的合理性与 fMRI 实验结果的有效性。本章研究结果可能为抑郁症、情绪、认知的系统性研究提供开创性思路和研究方向，为理解抑郁症患者的情绪功能障碍和认知功能障碍提供新的参考内容和借鉴，对人工智能和 web 智能的相关研究具有重要的理论意义和实践价值。

第七章：基于模糊近似熵的抑郁症患者静息态 fMRI 信号复杂度分析。本章回顾了 BOLD 信号的非线性特性，介绍了非线性动力学方法，阐述了抑郁症患者的 BOLD 信号特点。对模糊算法和近似算法做了简单说明，首次提出采用

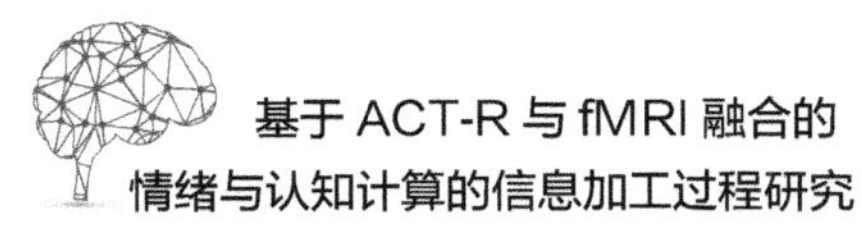


模糊算法和近似算法结合的模糊近似熵方法研究抑郁症患者和正常对照组，以及性别、年龄之间的模糊近似熵值。本章将 22 个抑郁症患者（男 11 名，年龄在 18 ～ 65 岁的成年人）及 22 个与抑郁症患者相匹配的正常对照组纳入研究范围，结果发现，在不考虑其他条件的情况下，男性的模糊近似熵值大于女性，并随年龄的增大模糊近似熵值逐渐减小，并与样本熵进行对比分析。

总结与展望：对本书的相关研究结果及 4 个创新点做了归纳和总结，同时对本课题的研究内容及方法可能存在的问题进行分析，并对未来可以扩展的内容和方向进行了展望，如本书采用共性分析，未来可以进行个性分析，找出共性和个性的差异，将本部分的研究内容如何融入脑信息数据库中等或将成为未来的研究方向和热点。

## 1.5　本章小结

本章对本课题的相关研究背景、研究目的、研究内容、研究意义，以及有关脑信号研究的国内外发展历程及现状进行了简单的介绍。首先对本课题的研究背景进行阐述，提出研究抑郁症的紧迫性和重要性，指出了目前对抑郁症临床诊断和康复治疗效果评估的不足和缺陷，明确本课题对抑郁症患者的 BOLD 信号研究的意义和价值，提出采用脑信息学系统方法学综合抑郁症、情绪、认知设计了从认知、情绪认知、抑郁症情绪认知逐步深入系统全面的实验设计。采用 ACT-R 结合 fMRI 方法对不同认知过程进行建模和仿真；参考现有非线性动力学方法，针对分析 BOLD 信号的常用算法的不足，提出了更适合 BOLD 信号分析的模糊近似熵方法。本课题丰富了相关研究内容，拓宽了相关研究领域和方法，对抑郁症、情绪、认知相关研究提供了新的角度和方向，还丰富了抑郁症相关研究内容，同时，对认知心理学、精神病学、人工智能等相关研究有重要的理论意义和参考价值。

第二章

# 基于 ACT-R 的认知建模方法

本章主要采用 ACT-R 认知建模技术结合 fMRI 脑成像实验的方法研究。为了容易理解后面章节的研究思路和实现过程，下面简要介绍 ACT-R 的理论体系、ACT-R 结合 fMRI 的研究方法及理论驱动的科学研究特点，还介绍了课题研究选取的实验范式和实验任务的设计思路。

## 2.1 ACT-R 介绍

ACT-R，即 Adaptive Control of Thought-Rational，意思是“思维的自适应控制－理性版，”之所以叫理性版，是指将理性分析加进来，它是由 ACT 发展而来的。ACT-R 是由美国科学院院士、卡内基梅隆大学心理学和计算机科学大学教授 John Anderson 领导开发的人类认知体系结构的理论与计算模型。

### 2.1.1 什么是 ACT-R？

① ACT-R 是科学回答“How can the human mind occur in the physical universe?”[16] 这个问题的答案所在。“How can the human mind occur in the physical universe”是 Anderson 教授 2007 年发表的一本书的名字（图 2–1），即人的心理活动究竟是怎样产生、怎样进行的？通过对认知体系结构的研究，可能会回答这个问题。Anderson 对认知的体系结构是这样定义的：认知体系结构是从一个抽象的层面上对人脑进行讨论和说明，即解释人脑是如何进行心理活动的。正如书中所介绍的那样，ACT-R 正是朝着建立这样一个认知体系结构的目标走去，所以它有可能回答这个问题。

图 2–1　Anderson 教授的图书封面

② ACT-R 是有关思维的一个整合理论体系，它提出了人类认知系统的基本结构的系统假设，并模拟这些认知结构的信息加工过程，是人类认知体系结构的一个可计算的认知模型。所谓可计算模型，就是它通过对认知任务建模，用 ACT-R 平台模拟，最后输出认知活动执行的轨迹。这个过程认为人脑信息加工的每一步都是可计算的。

③它同时也是一个软件平台，这个平台上可以实现可计算认知建模，即计算机模拟。ACT-R 发展到现在是 6.0 版本。ACT-R 平台的编程环境是 LISP 语言，它既有可以脱离 LISP 环境运行的 Standalone 版，也有在 LISP 环境下运行的版本。图 2–2 是 ACT-R6.0 独立版运行的控制界面。左边是代码输入界面，右边是执行控制面板。

④ ACT-R 提供了解释 fMRI BOLD 效应的方法。 ACT-R 可以结合脑成像研究，在认知模型和 fMRI 之间建立起一座双向的桥，一方面 ACT-R 为从理论上解释 fMRI 数据提供了方法，因为 ACT-R 理论整合了最新的认知神经科学研究成果，可以同时预报行为过程和脑生理过程；另一方面， fMRI 是检验与改进计算模型新的有力手段。ACT-R 预报预定义区域的 BOLD effect 后，通过与 fMRI 的 BOLD effect 进行拟合分析，对检验模型和改进模型都有重要帮助。

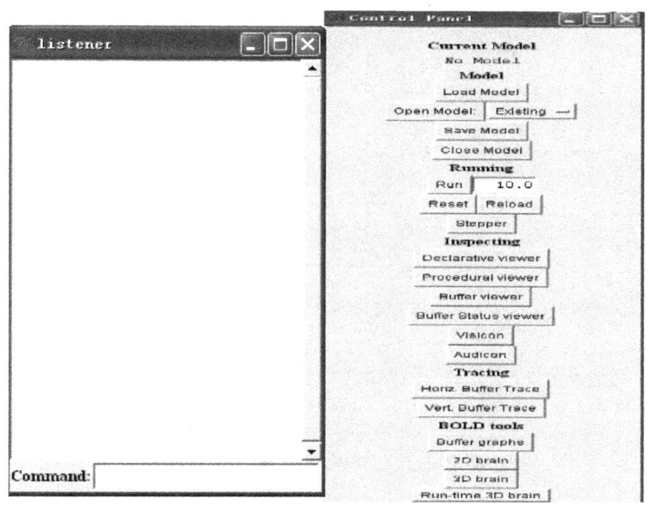


图 2–2 ACT-R6.0 独立运行版控制平台环境

### 2.1.2 ACT-R 认知体系构架

ACT-R 提出者和开发人员利用信息加工心理学基本理论 [94]，结合了有关记忆、视觉、运动、注意等行为心理学和脑成像的研究成果，提出了关于思维体系结构的一些假设，并在此基础上推出了 ACT-R 认知体系结构。ACT-R 认知理论假设包括以下几个。

（1）认知行为假设

ACT-R 理论假设人类的复杂认知行为可能包括 8 个认知模块， 分别为视觉感知（visual perception）模块、问题表征（imaginal）模块、陈述性记忆（declarative memory )模块、目标控制( goal control )模块、产生式系统( procedure system）模块、听觉感知（aural perception）模块、手动控制（manual control）和口动控制（vocal control）输出模块，如图 2–3 所示。这 8 个模块分别与人类认知功能相对应，每个模块内部是串行工作机制，有独立信息加工机制。其中，视觉感知模块完成视觉注意和视觉编码过程，陈述性记忆模块负责完成从记忆中提取陈述性知识、目标控制模块用于目标保持和切换，产生式系统模块负责产生式的执行，手动控制和口动控制模块控制手和嘴做出适当的反应等。在复杂任务实现中，各个模块之间相互协作，并行和串行工作机制并存。

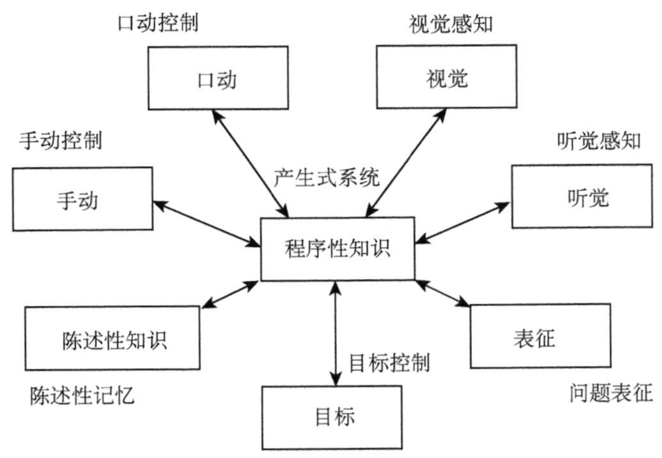


**图 2–3　ACT-R 的 8 个认知模块**

这些模块的协同工作构成了模拟人脑认知过程的行为模型基础。行为过程模拟的基本假设是人脑信息加工过程，就是由产生式系统调用或改变其他模块缓冲区中信息的过程。缓冲区是模块之间交换信息的空间，一个缓冲区只能存放一个组块的知识。

（2）神经生理基础假设

ACT-R 体系结构以大量神经生理学脑神经机制的研究结果为理论基础，从这些成果中总结出认知操作和脑区活动有一致激活现象的神经生理活动规律，并将这些规律整合进 ACT-R 理论体系中，使之成为 ACT-R 脑功能神经生理活动假设的重要理论基础和依据，也使 ACT-R 具有模拟神经生理活动的功能，这是目前为止 ACT-R 优越于其他认知体系结构的主要特色。ACT-R 的脑神经生理假设主要是建立了 8 个认知模块操作和激活脑区的对应关系，包括梭状回的激活反映了视觉加工操作；前扣带回的激活反映了目标和状态控制；后顶叶的激活反映了问题表征；腹外侧前额叶皮层的激活反映了记忆提取；基底神经节的激活反映了产生式规则调用等。这些脑区的位置与大小如表 2–1 所示。表 2–2 是本课题所在项目组定义的 10 个感兴趣区（ROI）对应的 Talairach 坐标。

表 2–1　ACT-R 的神经基础 [16]

| | 模块 | Talariach 坐标 | | | 脑区 |
|---|---|---|---|---|---|
| | | $x$ | $y$ | $z$ | |
| 1 | 视觉 | 42 | −61 | −9 | 梭状回 |
| 2 | 听觉 | 46 | −22 | 9 | 听觉皮层 |
| 3 | 手动 | 41 | −20 | 50 | 手动区域 |
| 4 | 口动 | 43 | −14 | 33 | 口动区域 |
| 5 | 问题表征 | 23 | −63 | 40 | 顶叶后部 |
| 6 | 陈述性记忆 | 43 | 23 | 24 | 腹外侧前额叶皮层 |
| 7 | 目标控制 | 7 | 10 | 39 | 前扣带回 |
| 8 | 产生式系统 | 14 | 10 | 7 | 尾状核 |

表 2–2　ACT-R 中预定义的 10 个 ROI 区域 [92]

| ROI | ACT-R 模块 | 脑区 | Talairach 坐标 | | | 大小 | BA |
|---|---|---|---|---|---|---|---|
| | | | $x$ | $y$ | $z$ | | |
| 1，2 | 视觉 | 梭状回 | +/−42 | −60 | −8 | 5×5×3 | 37 |
| 3，4 | 程序性知识 | 尾状核 | +/−15 | 9 | 2 | 4×4×4 | |
| 5，6 | 陈述性知识 | 前额叶 | +/−40 | 21 | 21 | 5×5×4 | 45，46 |
| 7，8 | 表征 | 后顶叶 | +/−23 | −64 | 34 | 5×5×4 | 7，39，40 |
| 9，10 | 目标 | 扣带回 | +/−5 | 10 | 38 | 3×5×4 | 24，32 |

ACT-R 神经功能模拟的基本假设是认知活动中认知模块的操作与某个脑功能区 BOLD 信号激活存在某些有规律的联系。关于 BOLD 信号与认知操作的关系研究中 [95-96]，得出了较一致的结论，即某个操作引起的 BOLD 信号值是时间 $t$ 上的线性伽马函数，用公式（2–1）的线性模型表示：

$$B(t) = t^{\alpha} e^{-t} \qquad (2\text{–}1)$$

其中，指数 $a$ 的范围为 2 ～ 10。Anderson 教授在这个线性模型基础上提出了 BOLD 信号与高级认知活动的神经生理学模型 [17-19]。其基本假设是某个特定脑区总是与特定的认知模块关联，负责特定的认知操作，当某个认知模块有一个操作执行时，会引起对应脑区一个固定的 BOLD 信号变化，这个变化值按照上述伽马函数计算。该脑区总的 BOLD 信号变化是与其关联的认知模块操作集在时间序列上伽马函数的线性叠加，通过公式（2–2）模型计算：

$$CB(t) = M\int_{0}^{t} i(\chi)B(\frac{t-\chi}{s})\mathrm{d}\chi \qquad (2\text{–}2)$$

其中，$M$ 是 BOLD 变化的幅度，$s$ 为延迟因子，若在时间点 $\chi$ 处认知模块执行操作，则 $i(\chi)$ 为 1，否则为 0。上述研究中，伽马函数的线性模型得到了 BOLD 信号随着时间变化的浮动值，没有涉及多次认知操作； Anderson 教授神经生理学模型采用了线性叠加理论，得到了一个认知模块多次操作及对应脑区 BOLD 信号值之间的内在变化关系（图 2–4）。需要指出的是， BOLD 效应变化的波峰一般滞后 5 ～ 8 s，如本课题实验任务中，完成任务一般在 6 s 左右，那么脑区激活变化起伏时间一般在 0 ～ 16 s。

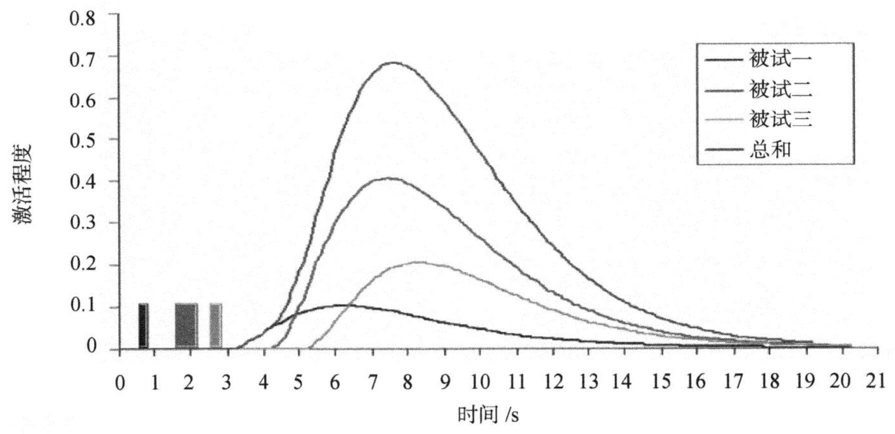


**图 2–4　BOLD 效应预测的线性叠加过程**

（3）ACT-R 的应用

作为对人脑整体活动的模拟，ACT-R 已经在教育（如以建立学生模型为基础，实现因材施教的电子家教 [82-83]）、工业（如汽车驾驶员开车的行为模型 [52，84]）、军事（如战斗机驾驶员行为的模型 [85]、飞行错误原因分析 [86]、集成战斗环境下指挥官与士兵的行为模型 [86]）等领域。

美国的 20 几所著名高校及宇航局、陆军、海军和空军的实验室等科研机构，德国、英国、意大利、法国、加拿大及日本等一些科技先进国家都有研究和应用 ACT-R 的实验室。虽然我国对认知体系结构的理论和计算模型研究尚少，但近年来，在认知心理学、认知神经科学、认知计算模型等方面已有了长足的进展，同时，教育、工业、军事和医学等应用领域也对认知科学提出了从整体上把握人脑的功能，建立在复杂环境下人类行为的综合模型的需求。引进 ACT-R 不仅能促进我国认知体系结构的理论和计算模型的研究，而且能促进认知科学在我国的实际应用。网站 http://act-r.psy.cmu.edu/ 汇集了 ACT-R 在各个研究领域的所有文献、资料及 ACT-R 软件，均可免费下载。

### 2.1.3 基于 ACT-R 的认知建模过程

用 ACT-R 建立特定认知任务的计算认知模型，主要有以下步骤：

①任务分析，提出认知过程假设。根据问题求解的任务，进行认知分析，提出认知过程假设；②环境模拟，通过 ACT-R 模拟平台建立与真实实验类似的环境。例如，建立简化四方趣题任务的刺激呈现，如同让志愿者在实际做题时看到的一样；③知识定义，包括陈述性知识与程序性知识定义，这是模型的核心部分。陈述性知识定义与任务相关的既有事实，程序性知识是定义问题求解过程的所有产生式规则；④参数设定和模型调试，参数包括行为数据模拟参数和 BOLD 效应模拟参数；⑤结果拟合和模型分析，将 ACT-R 结果预报与真实实验结果对比，从而判断模型的合理性和有效性。

图 2–5 是 ACT-R 网站上显示的 ACT-R 创建认知模型的方法。一般而言，用 ACT-R 建模，都是与认知实验一起实施，通过被试的真实数据和 ACT-R 预测的理论数据进行匹配（主要是反应时和 fMRI 的 BOLD 信号），进行定量分析，获得数据上（quantitative）的验证和支持。

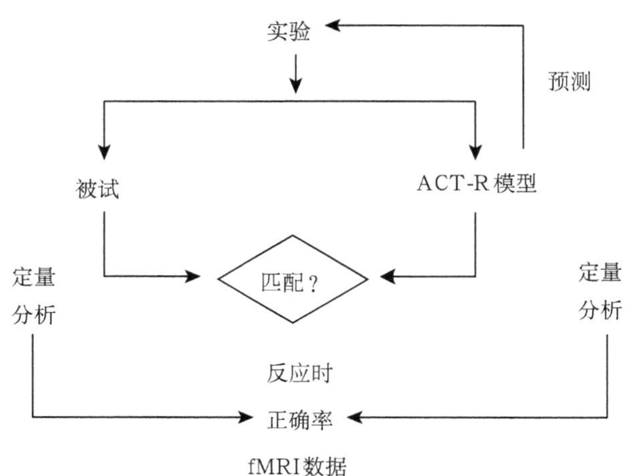


**图 2–5 ACT-R 认知建模的实现方法**

### 2.1.4 ACT-R 的知识定义

（1）陈述性知识

陈述性知识是相对静态的知识，是反映事物及其关系的知识，或者说是关于“是什么”的知识，包括对事实、规则、事件等信息的表达。陈述性知识主要通过网络化和结构性来表征(命题、表象、线性次序、图式)概念间的联系，其基本单位是组块（chunk）。陈述性知识的提取主要通过扩散激活来完成 [16]。

陈述性知识定义包括组块类型定义和组块名称定义。

组块类型定义：(chunk-type Sudoku ×1×2×3×4)

解释：定义一个组块类别，类名是 Sudoku， 4 个特征项，描述 4 个数字。

组块名称定义：(P1 isa Sudoku ×1 1 ×2 2 ×3 4 ×4 4)

解释：定义一个名为 P1 的 Sudoku 组块，表示排列 1、2、3、4，其他记忆组块可以类似定义。

（2）程序性知识

程序性知识是关于完成某项任务的行为或操作步骤的知识，或者说是关于“如何做”的知识，它包括一切为了进行信息转换活动而采取的具体操作程序。主要通过目的流将一系列条件—行动对组装起来，体现了人会在何种条件下采取何种行动来达到一系列中间的子目标，并最终达到总目标。其基本单位是产生式 [4]。

下面通过本课题模型实例说明程序性知识定义。

下面给出本课题中定义的一个实例及解释，定义的产生式规则名为 encode-row，功能是对行数据表征。

| {p encode-row | 产生式规则名为 encode-row |
| --- | --- |
| =goal> | 如果 goal（目标控制）模块的组块 |
| isa goal | 是 goal 类型 |
| state visualizing | 并且 state 值是 visualizing |
| vispoint “row” | 并且 vispoint 值是 “row” |
| num 1 | 并且 Num 值是 1 |
| =visual> | 同时如果是 visual 模块的组块 |
| isa text | 类型是 text |

```
text =text1          并且 text 值为 text1
==>                  那么
+imaginal>           将对 text1 进行表征
a1 =text1            并存储在 a1 中
…}
```

### 2.1.5 ACT-R 模型预测结果

ACT-R 认知模型可以从认知行为过程和脑功能生理过程两个层次上模拟人类智能活动。因此，模拟结果包括两部分，一部分是行为数据预测，包括模型完成某个认知任务的总时间（即反应时）和认知行为的轨迹（trace），轨迹反映的是细粒度上的认知模块信息加工过程，包括在哪个时间点哪个模块执行了什么操作结果如何等。轨迹的输出按详细程度分有 3 种，通过一个参数 (:trace-detail ) 来调整，当 :trace-detail 设置为 high，表示输出的是最详细的信息加工过程，包括所有的加工操作；当：trace-detail 设置为 medium，表示输出的是中等详细程度的信息加工过程，包括较重要的加工操作，略去少数不重要的操作；当 :trace-detail 设置为 low，表示输出的是最少的信息加工序列，仅列出最重要的操作，把其余的省略了。ACT-R 模型输出的另一个结果是预定义脑区的 BOLD 效应， BOLD 效应的模式与行为轨迹息息相关，因为 ACT-R 的理论假设就是某脑区的 BOLD 效应值是其对应行为模块操作在血流动力学函数上的线性叠加。BOLD 效应模拟的结果可以从第三章到第五章的模型预测结果中看到，这里不再举例说明。判断这两个输出结果的合理性，可以通过与真实实验的数据值进行拟合比较来验证。预测的行为反应时可以与 fMRI 实验同步进行的行为实验结果的做题反应时进行拟合，预测的 BOLD 效应可以与 fMRI 实验的确认性分析结果进行拟合。由于建立的是统一模型，即用一个模型模拟多个被试认知过程的一般规律，属于共性研究范畴，因此，取实际数据的均值进行比对和拟和，这样做的结果可能与实际情况存在偏差。如果想缩小这种偏差，可以考虑个性化建模，进行个性研究。目前为止，本课题仅进行的是共性研究，个性化研究将在下一步工作中考虑。

## 2.2 ACT-R 结合 fMRI 研究方法

本课题中的 fMRI 数据是由课题组另外两位同学提供的，关于 fMRI 脑成像的基本原理及 fMRI 实验设计的相关内容，可以参考文献[92-93]。fMRI 脑成像数据包含丰富的时间和空间信息，但 fMRI 数据也有其不足之处。首先，fMRI 可以得到认知任务加工的脑区活动变化情况，但这些活动区域不能反映出思维活动的信息加工过程， 即什么时间点执行了哪些操作是反映不出来的；另外，fMRI 数据的主要优势在于较高的空间分辨率（如可以全脑扫描），但时间分辨率往往达不到要求（如只能达到秒级），不能反映更小时间微粒上（如 0.5 s 以内）的活动变化。fMRI 的这些不足可以通过认知体系结构来弥补。例如，利用 ACT-R 对认知任务进行模拟，可以给出更小时间微粒上的详细信息加工过程。所以，将 fMRI 脑成像技术和认知建模技术结合起来研究人脑高级认知机制，已经成为当前认知科学领域研究的一个新方法[20]。

认知体系结构结合脑成像技术，是探索人脑高级认知机制的新方式。Anderson 教授实验组用 ACT-R 与 fMRI 相结合的方法[17-20]，研究成年人解线性代数方程和解人造符号方程、成年人求解人造符号方程的学习过程、青少年解线性代数方程的学习过程、输入输出通道（视觉刺激或听觉刺激输入，手指击键或言语输出）的不同对于执行一个简单的高层次认知任务过程的影响，多个子目标、解题时间长达 2 分钟的问题求解过程，这些成功的例子表明，ACT-R 结合 fMRI 的研究方法，是探索人类脑认知机制的有效途径。本课题正是基于有脑功能基础的 ACT-R 体系结构及其软件平台和 fMRI 脑成像技术，研究和建立问题解决中启发式搜索的计算认知模型。

## 2.3 理论驱动的科学研究方法

科学研究的方法一般来说可以归纳为两种，一种是理论驱动的科学研究方法；另一种是材料驱动的科学研究方法[4]。理论驱动的科学研究方法是先有理论，根据理论进行预测，看是否符合理论，最后由专家对理论进行评论，也叫“理论驱动归纳”。材料驱动的科学研究方法是先收集大量的材料，然后分析这些材料，找出规律性的东西，最后解释这些规律，也叫“材料驱动归纳”。一般而言，科学家对“理论驱动归纳”比较感兴趣，但科学发展史上有大量的科学发现，都是“材料驱动归纳”的过程。本课题研究建立在 ACT-R 理论和认知体系结构基础上，是属于理论驱动的研究，也称模型驱动的研究。模型驱动的研究方法优点之一在于可以以模型本身已经获得验证的相对成熟的理论为基础，在此基础上提出理论假设，进行预测，再验证理论的合理性；其缺点之一也可能体现在这里，即研究过程受限于模型的理论本身。以本课题研究为例，ACT-R 理论中两个基础假设分别是认知模块假设和神经生理假设，其中，认知模块假设指出人的认知体系结构含 8 个认知模块，分别为视觉、目标、表征、记忆、手动、口动、听觉和产生式系统。神经生理假设指出了与上述 8 个认知模块操作有关的 8 个激活脑区。例如，负责视觉加工的脑区是梭状回；负责问题表征的脑区是后顶叶皮层区域；负责记忆提取的脑区是前额叶皮层；负责目标控制加工的脑区是前扣带回皮层；负责产生式系统调用的脑区是尾状核；等等。在本课题的研究实现中，遵循了先提出理论假设，再通过模型预测，最后验证理论假设的研究过程。在研究过程中离不开 ACT-R 的理论基础和假设。可以说，在整个实现过程中，都会考虑如何基于 ACT-R 现有的理论基础来开展研究，包括在理论假设的提出过程中，都会考虑 ACT-R 模型能不能提供证据支持。因此，在研究中的一个局限性也显现出来，即一个理论假设在 ACT-R 理论框架内通过 ACT-R 模型可以验证，可能会在其他理论框架中不一定得到认同，甚至有冲突。一个明显的例子，就是本课题作者在国际学术会议中报告研究内容，与会者就曾提出这样的问题：你说负责视觉加工的脑区是梭状回，但现有的研究也表明，其他脑区也负责视觉注意，同时，梭状回也可能不仅与视觉注意有关，还与其他认知操作有关，如何解释这点呢？当作者说这是基于 ACT-R 理论假设，并不否认提问者所说的其他可能的时候，提问者回答：原来你是与 ACT-R 理论一致。实际上，ACT-R 理论并不否认提问者所说的，一个脑区可能与多个认知操作有关，或者多个脑区参与某个认知操作的激活。只是选择了其中一种结论作为理论假设，用于验证。同样，行为模型的假设和验证也是在 8 个认知模块基础上展开的。

## 2.4　本章小结

作为后面章节的预备知识，本章从 4 个方面介绍了什么是 ACT-R，包括认知体系结构建立的目标、系统功能、平台功能及解释 fMRI 效应的作用。详细地介绍了 ACT-R 的行为模型假设和脑功能模型神经生理基础假设、ACT-R 的应用领域；简要地介绍了 ACT-R 建模的基本过程，列举了 ACT-R 的两类知识定义、ACT-R 模型预测结果输出的形式；分析了 ACT-R 结合 fMRI 研究方法的优势；介绍了四方趣题范式的选择、定义、任务设计和启发规则的定义和理解。

# 第三章

# 抑郁症、情绪、认知的 fMRI BOLD 信号相关理论与可行性分析

生物内部功能和结构最为复杂的组织就是大脑，大脑内部的神经细胞个数大概有 $10^{12}$ 个，与银河系里的星体总数差不多。除此之外，大脑内的神经胶质细胞是神经细胞个数的 10 ～ 50 倍，神经胶质细胞在处理信息时可能也有至关重要的作用。除此之外，大脑还用来接收外部信息，形成意识，开始有感觉，对其发出对应指令，做出相应的行为，最后指挥人脑的逻辑思维；同时，大脑也是对内部和外来刺激任务信息进行存储、获得、内容整合、信息加工、任务处理的中枢。研究人脑内部对任务处理的信息加工过程有助于开发大脑、保护大脑、创造大脑、认识大脑 [63]。

人类大脑的高级认知功能包含思维、情绪、记忆、语言、感觉、知觉等。很早以前，通过解剖尸体或研究脑部有损伤的患者以获得关于大脑的功能和结构信息，我们将以往的研究方法总结后分为神经病理、神经生理、神经解剖等相关领域。以上所述的方法差不多对大脑都有或多或少的损伤，无法直接观测活体生物的大脑进行信息处理时的变化，因而要获得活体大脑内部进行信息加工过程的真实信息异常困难。医学影像学相关技术的出现，尤其是 20 世纪 70 年代初的计算机断层扫描技术（computerized tomography，CT）和正电子发射断层扫描技术的问世，使其可以对大脑的内部结构进行无创伤测量，开创了研究大脑结构和功能的崭新时代。

然而，功能磁共振成像（fMRI）技术的出现，令心理学、认知科学、生物学、神经科学等相关领域研究者异常兴奋。20 世纪 30 年代 Pauling 研究团队发现血红蛋白含氧量的变化对磁场影响较大。同时在 20 世纪 80 年代，Fox 研究团队观察到当神经元活动变化的时候局部组织里的氧含量有相应变化。结

合 Fox 研究团队和 Pauling 研究团队的相关研究成果，20 世纪 90 年代 Kwong 与 Ogawa 研究团队通过对活体的研究指出，采用 MRI 能够测量血液中氧的含量[79]。因此，脑生理学结合磁共振物理学产生 BOLD 信号，掀起了 BOLD 信号研究热潮。fMRI 技术就是把传统高分辨率的磁共振成像技术结合 BOLD 变化的特异性，同时将扫描的大脑影像准确地放在标准模板上，因而迅速成为相关领域研究者研究活体大脑进行高级信息加工的有效手段。

fMRI 作为研究人脑重要的脑功能成像技术之一，能够为医疗诊断提供直观、清晰的人脑解剖图。与传统医学成像相比，fMRI 的优点主要有：①本质上自旋总数不是零的核元素都能够采用 fMRI 成像，如氮（$^{14}N$ 和 $^{15}N$）、氢（$^{1}H$）、磷（$^{31}P$）、碳（$^{13}C$）等；②不仅无任何辐射与损伤，而且不用对被试注射任何用于成像的药剂。

fMRI 的出现，不仅使我们可以无创伤地获得活体大脑进行认知活动的脑信号，而且可以对活体大脑进行整体研究。它就像直观观测活体大脑的窗口，能够在没有创伤的情况下进行，通过活体进行特定认知任务时大脑的葡萄糖代谢程度及脑血流变化对活体大脑进行研究，进一步对活体大脑进行特定任务时的大脑内部信息加工机制进行研究。

## 3.1 BOLD 信号特征和发展

BOLD 信号特征与大家知道的一样，BOLD fMRI 依据测量与神经活动进行偶合的有关血流动力学变化达到对神经活动强度进行间接反映，这时我们需要先明白 BOLD 信号的原理和本质。BOLD 信号被定义为血氧水平依赖性的浓度增强效应而产生的信号[97]。外界刺激一旦开始，神经电活动就会随着刺激变化而增加，这样必然消耗氧，从而使脱氧血红蛋白（dHb）的含量随之增加。dHb 也被称为顺磁性物质，它的直接作用就是破坏氢质子（MRI 探测的信号主要就是由氢质子产生）周围的稳定磁环境，从而使 $T_2^*$ 衰减的时间减小[98]，fMRI 信号强度变弱，因此，刺激的起始阶段能够得到的 BOLD 信号可能为负[99]，相对于其他信号，由于负信号强度较弱，需要更高的磁场才有可能被探测到。随着刺激的开始，通过增大血流量以补偿氧的消耗过大这种增加血流的方法只是权宜之计，导致组织和微血管中血氧的供应量大于组织和微血管对氧的代谢需求[100]。相对于需求氧过剩的结果就是血液里的 dHb 含量对应减少，而氧合血红蛋白当中的含量得到相应增多，并将氧合血红蛋白定义成抗磁性物质，它影响 $T_2^*$ 时间非常小。氧过剩可以使 dHb 含量相对减小，当磁环境具有较好稳定性时，$T_2^*$ 时间衰减程度相对延长，而 fMRI 能够探测到较高的脑信号。血流造成了这种信号不断变化，相对神经信号来说，血流的变化就是一种缓慢变化的过程，因此当外部刺激进行 3 ～ 4 s 以后，BOLD 信号才能够达到峰值（这主要由外部刺激的持续时间决定），接着以更加缓慢的速度逐渐降低，一直到外部刺激进行大概 9 s 之后（和之前一样，主要由外部刺激持续时间决定），才有可能恢复到它的基线位置，在回到基线之前有的时候还会出现有低于基线的现象。但是，BOLD 信号也不是单纯来自氧合血红蛋白 / 脱氧血红蛋白含量变化产生的，而与神经活动偶合的脑血容积与局部脑血流的变化等多种原因综合效应产生的结果所致。因为 BOLD 信号随着神经信号的变化而产生，所以需要弄明白 BOLD 信号与神经信号和外部刺激之间的关系问题。

前面介绍了 BOLD 信号能够间接测量和探测神经电活动，因此在研究外部刺激和 BOLD 信号之间的关系之前，应该先搞明白外部刺激和神经电活动的关系问题。需要做的主要包含测量神经电生理与测量 BOLD 信号。神经信号的适应性和瞬时响应对 BOLD 非线性相关方面研究的作用是不可替代的，以往关于结合电生理和 fMRI 的实验中也说明了以上描述的特性。Logothetis 等 [101] 研究猴脑的视觉刺激微电极和 fMRI 一起记录了实验得出的 MUA 或者 LFP 信号，可以直接体现这一特性。同时 Ogawa 等 [79] 对大鼠进行电刺激 EEG（脑电图）和 fMRI 结合实验，得出了体感诱发电位（SEP）产生反常期，从间接角度解释了上述特性，因为外部刺激是以方波函数形式体现的，但是获得的神经信号却不是方波，这表明神经信号活动对外部刺激产生的响应形式是非线性的，同时，BOLD 信号对外部刺激产生的响应同样也是以非线性呈现的。

## 3.2 BOLD 信号的生理基础与必要性

### 3.2.1 BOLD 信号非线性动力学研究的生物物理机制

Ogawa 研究团队在进行实验研究时发现了 BOLD 信号，直到目前一直是脑信息研究的重要热点 [79]。主要原理：活体血液当中的脱氧血红蛋白以顺磁性物质的形式存在，该物质能够使磁场产生一定的不均匀，导致氢核的去相位速度大幅提升，氢核存在于神经活动周围的小血管里。因为活体大脑内部神经活动的变化是实时的，从而增加活体大脑局部的血流量变化，但是在静脉血当中对氧的消耗量增加并不明显。总而言之，静脉里的逆磁性物质总体也是增加的，可以减缓氢核的去相位速度，导致 $T_2^*$ 时间延长，最终增加了 $T_2^*$ 时间加权项的信号 [99]。磁共振图像能够呈现出这些信号，我们就能够采用 fMRI 对活体大脑当中的各个功能脑区进行定位。

### 3.2.2 BOLD 信号非线性动力学研究的大脑解剖基础

从大脑的解剖理论可知，人的大脑由两个半球组成，分别为左半球和右半球，如图 3–1 所示 [102]。两个半球的表面分布着凹凸不平、不同样式、不同深浅的沟，如顶枕沟、外侧沟、中央沟等，它们的形状大部分都为弯弯曲曲，无任何规则可循，到处都有分岔、到处都是枝节。这种形状被定义为经典的非线性分岔分布，不仅随处可见，同时也非常普遍。以沟为分界线，大脑的每个半球均可分成 4 个分叶区域：颞叶、枕叶、顶叶和额叶 [102]，其形状和结构也是非线性且不规则的。尽管上述脑叶只是执行一个或多个生理功能的宏观单元，然而确是由非常多的神经元构成的神经群组，成千上万的神经元组成的每个脑叶之间进行互动或信息传递 [102]，因此，可以知道，每个脑叶之间的运动本质上也是以非线性形式进行的。

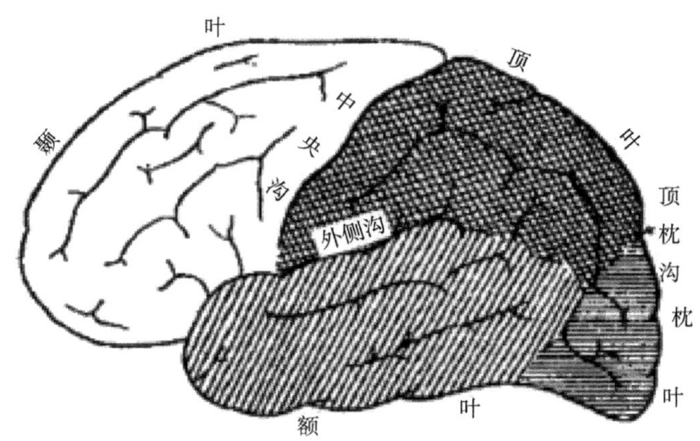


图 3–1　大脑半球的外形 [102]

在大脑每个半球最外层的表面都分布着一层灰质，我们称之为大脑皮质，大脑皮质的厚度为 2 ～ 5 mm。如果以功能定位角度分，大脑皮质一般分为语言中枢、听觉中枢、视觉中枢、躯体感觉中枢、躯体运动中枢等功能脑区 [102]。功能脑区不同，它的神经细胞分布情况、神经纤维疏密程度、皮质厚薄情况也有差异，同样，神经元的大小与形状也各式各样。每个大脑中枢都由一个或者几个脑叶组成，也可能是由很多脑叶的不同部分组成，因此，每个大脑中枢的信息互动与传递方式也是非常复杂的，同样由一定意义上不同宏观层次下具有的很多微观神经元组成，因此，它的活动性质与特点同样具有非线性特性。

本质上讲，影响人类 BOLD 信号的因素比上述情况多很多，BOLD 信号同样受到来自体内激素代谢变化、血液动力学、心率变化、外界环境、个人的健康状况等各种各样因素的综合作用 [102]，它的物理量特性非常复杂，因此，相对于线性特性，大脑 BOLD 信号本身具有的本质特征更倾向非线性特性。

大脑半球的这些特点、结构和形态迫使相关研究者探索和寻找更为合理、有效的非线性动力学方法分析人类大脑的生理现象，当然包含 BOLD 信号。不管从大脑皮质内部神经电生理特性、神经元结构及形态，还是从大脑半球内部解剖学复杂结构的非线性特点出发，都能让相关研究者从非线性动力学方法出发，选择适合的信号处理方法及动力学方程和参数对人脑 BOLD 信号进行分析。同样，随着研究者对混沌理论、非线性动力学研究的不断深入，在当前多学科交叉融合越来越受到专家的重视，结合人工智能和人工神经网络等相关研究工具手段的不断进步和完善，多样化、多角度、系统并全面地研究 BOLD 信号，对 BOLD 信号的分析更加准确和深入。

### 3.2.3 BOLD 信号非线性动力学研究的必要性

通过上述两个小节的分析和研究，我们对大脑神经元的活动形式、原理、结构及形成 BOLD 信号的过程有了较为详细的了解和掌握，从 BOLD 信号的特性角度看，不管从宏观还是微观上均表现出非线性和复杂性，而对抑郁症患者而言，抑郁症患者的 BOLD 从宏观到微观均产生了变异，因此，使情况变得更为复杂和多变。现从下面几个角度说明研究抑郁症 BOLD 信号非线性的必要性。

①产生 BOLD 的来源多种多样且不断变化，导致抑郁症患者 BOLD 信号更为复杂多变。相关研究表明，抑郁症患者大脑内部的神经递质产生了变异，包含多巴胺、去甲肾上腺素、五羟色胺等都有异常表现 [103]，导致抑郁症患者大脑内

部神经元的相关电位产生误差，最终导致抑郁症患者的血氧含量产生异常。以上陈述的异常形式均为非线性变化形式。

②多个脑功能区的结构产生变化，导致抑郁症 BOLD 信号的行为发生变异现象。相关专家研究指出，抑郁症患者的部分脑区功能受到损伤，如杏仁核、基底核、皮质下白质、海马体等，有的脑功能区内部神经通路及不同脑功能区之间的通路产生异常，甚至某个神经通路有发生缺失的可能 [103]，以上因素都有可能导致 BOLD 信号的信息传递产生变化，最终导致抑郁症患者 BOLD 信号产生异常。

上述描述的变化均是复杂的非线性变化形式，所以，需要采用非线性动力学方法分析 BOLD 信号会更加准确和有效。

## 3.3 BOLD 信号研究的相关技术基础

### 3.3.1 ACT-R

本课题主要利用 ACT-R 建模结合 fMRI 实验的方法研究认知、情绪认知交互关系、抑郁症情绪认知交互作用。为了更容易理解后续章节的相关研究思路和方法实现过程，先对 ACT-R 认知系统理论做简要介绍，在分别分析 ACT-R 和 fMRI 各自优势和缺点的基础上，提出采用 ACT-R 结合 fMRI 的现实性和必要性，同时还对本课题实验设计的合理性、可行性及系统性做了阐述，对实验任务的设计也做了说明。

ACT-R 简介：ACT-R，即 Adaptive Control of Thought-Rational，意思是“思维的自适应控制－理性版”，称为理性版的原因，就是把理性分析的因素考虑在内，这个版本由 ACT 变化得来。卡内基梅隆大学，美国科学院院士 John Anderson 团队研发 ACT-R 软件开发平台研究人脑进行认知加工过程的体系结构的计算模型和理论。该团队定义人类高级认知体系结构为：认知体系结构是在抽象层面说明和讨论人脑认知加工过程，也就是对人脑在处理信息时，其心理加工过程是什么进行解释。就像书中介绍的那样，ACT-R 正逐步朝着建立高级认知体系结构的最终目的发展，因此，《How can the human mind occur in the physical universe ?》这本书最有可能给出这个问题的答案。ACT-R 是关于思维的一个整合分析理论系统，它为人类高级认知系统内部的基本结构提出模型假设，同时对认知系统的信息加工过程进行模拟，该认知模型可以对人类认知进行计算。之所以叫作计算模型正是因为它能够对认知任务进行建模，采用 ACT-R 对其建模，最终输出大脑认知加工执行的时间和轨迹及认知加工流程。这个过程认为，人脑信息加工的每一步都是可计算的。同时，它也是软件开发平台，人类认知计算建立的假设模型能够在这个软件平台上运行，也就是计算机仿真。ACT-R 目前版本是 6.0，ACT-R 软件开发平台采用 LISP 语言进行代码编写，既有在 LISP 环境中运行的版本，又有脱离 LISP 环境运行的版本 Standalone。

### 3.3.2 fMRI

20 世纪 90 年代出现的 fMRI，为研究人脑认知加工过程差异提供了新的技术手段，是当前研究脑功能的重要的工具之一。

fMRI 的特点：①可以无创、反复、直观测量脑活动变化；②能够查看各脑区的相互联系和激活程度；③较高的空间分辨率，在全脑范围内精确到 1 mm，大于 PET；④任务分析对 fMRI 实验的成败具有至关重要的作用。采用 BOLD 信号研究脑功能是目前研究的一个热点，使用最为广泛，同时具有无创性和较高分辨率特性，按照 BOLD 水平定位和检测脑功能变化情况。基本原理：由于神经元活动变化对脑血流与局部氧耗量影响程度不一致，血液中脱氧血红蛋白 / 氧合血红蛋白的比例差异使得局部磁场性质产生变化。生理参数影响血氧水平的变化情况，主要包含氧耗量、脑血容量、脑血流量。当被试对特定任务进行操作时，同时，激活了对应的相关脑区的神经元，随着氧耗量的增加，血管的血容量与血流量也增加，并引起神经元脑区活动的脱氧血红蛋白显著减少，但是其氧合血红蛋白却得以显著增加。而脱氧血红蛋白某种意义上又是顺磁性物质，从而导致 $T_2^*$ 值有显著缩短效应。所以，在脑区被激活的情形下，对应脑区的 $T_2^*$ 值却延长了，从而增加 MRI 信号强度。通过分析激活脑区 / 未激活脑区血流之中的脱氧血红蛋白 / 氧合血红蛋白比例不一致所产生的 MRI 信号不同，采用计算机软件获得脑功能激活图，从而对相关激活脑区进行分析和研究。

### 3.3.3 相关实验设计

简化和限定研究对象对脑认知功能实验设计至关重要，分解不同的心理加工过程及影响任务相关因素的控制与执行。通常采用多因素、多过程、多任务实验以达到上述目的。一般 fMRI 相关实验设计可分为两种类型：事件相关设计（event related）与组块设计（block design）。

在初期，fMRI 实验相关研究一般用基于认知减法计算范式“基线—任务刺激”，我们称它为组块设计。该设计的特点主要是采用组块的形式来呈现刺激对象，而每一个组块内部的同一种类型的刺激反复、连续呈现。一般含有两种刺激类型，其中一种是控制刺激，另一种是任务刺激。通过对控制刺激与任务刺激产生的脑局部血氧反应进行对比，从而对对应的脑功能区活动做进一步了解，而且常常定位功能脑区位置。如果任务刺激持续时间较长，BOLD 的响应幅度就高，BOLD 信号变化越大，信噪比也会越高。利用这样的方法可以获得大脑的统计参数图（statistical parametric map，SPM）或激活图（active map）。

组块设计缺陷：基于减法的实验设计可能错误解释 BOLD 信号数据，要区分每个组块内部的单个刺激非常困难，任务刺激有一定规律，刺激内容和刺激时间不能是随机的，无法对正确率和反应时数据进行分离。20 世纪 90 年代末 Kamondi 等 [103] 对组块设计的控制和任务之间交互作用的研究发现，采用数字词与阿拉伯数字作为刺激任务，任务激活期间对控制期间产生的血氧反应有一定影响，当被试完成数字词和阿拉伯数字奇偶判断任务时，控制期间和任务期间的激活脑区存在相似，某些脑区和控制刺激明显没有关系，仅和任务刺激有关系，因而对数据分析的结果有一定影响。尽管组块设计有以上缺陷，但相对于实验任务完成时间较长，该设计一方面可以相对缩短设计时间；另一方面，BOLD 信号叠加可以增强 BOLD 信号激活程度。

1997 年，Bullock 研究团队提出了另外一种设计方式：事件相关实验设计，又被称为单次实验设计。事件相关设计中，被试一次只接受一个刺激对象，然后休息一定时间再接受下一个相同或者不相同的刺激对象。该设计是单个时间或刺激产生的血氧变化水平。当被试视觉接收到一个刺激时，大脑血管当中的 BOLD 就会显著增加，随着单个刺激结束，其 BOLD 也逐渐恢复，并最终回到基线位置。事件相关设计的重要特点：①设计内容可以是随机的；②根据被试反应和实验任务的选择性进行处理；③提高脑区活动的响应 [104]。

事件相关设计能够对被试反应和任务类型做选择操作。在语言方面，能够研究无生命意义的词和有生命意义的词、低频词和高频词、同义词和同音词、假字和真字的刺激任务下脑功能激活程度。在视觉方面，研究被试识别灰度图形和颜色的大脑激活程度。在记忆学习方面，主要验证哪些内容记住了，又有哪些内容没有记住。

### 3.3.4 BOLD 信号的数据处理

当前处理 BOLD 信号的免费软件主要有 FreeSurfer、FSL、MRIcro、基于 Matlab 的 SPM、AFNI 等，商业软件主要有集成了 FSL 和 SPM 等的 MEDx（集），集成了 FreeSurfer 和 SPM 的 Brain Voyager 等。本课题组实验室主要利用 SPM，国际相关领域研究者采用最多的 fMRI 数据处理软件就是 SPM。SPM 是由英国的 Friston 研究团队基于 Matlab 开发的软件 [105]。该软件不仅配置有图形处理界面，而且能够对 BOLD 信号原始数据进行格式转换、时间校正、头动校正、空间标准化、高斯平滑。除此之外，SPM 也是一个开放式软件平台，有用户专用接口，用户能够根据自己的需要，利用各种计算机语言编译代码以满足研究需要。

以 SPM 为例，简单介绍 BOLD 信号处理过程：

先要将采集到的原始数据进行格式转换，才可以利用 SPM 软件对其进行操作。运行 Matlab 软件平台，在 Matlab 的命令窗口将路径修改为 SPM 所在位置的路径，然后将 SPM 软件包复制到 Matlab 安装软件的“tool”中，在 Matlab 命令窗口输入“SPM”，可运行 SPM。在 SPM 主界面选择 fMRI 模块。界面一共有 3 个窗口，左上边是命令窗口，左下边是处理窗口，右边是结果窗口。

本实验主要采用 SPM 软件的格式转换、头动校正、标准化、高斯平滑，并利用功能连接功能提取对应脑区的 .txt 数据文件。详见 SPM 使用手册。

## 3.4 抑郁症患者 BOLD 信号分析的可行性

经过 3.2 节和 3.3 节的介绍，我们熟悉了 BOLD 信号的生理基础及其常用的分析处理软件和技术，解释了 BOLD 信号分析的合理性与可行性。

### 3.4.1 可行性的基础

当前，认知心理学领域发现脑功能和结构是最为复杂的生物系统 [32]。从 3.2 节可知，神经元之间、脑神经复杂结构的复杂关系、大脑解剖脑区的功能叠加及复杂性、多样化信息传递方式、大脑解剖分区的复杂性及其功能的交叠等，一起组成了一个非常复杂的系统。对抑郁症患者的 BOLD 信号而言，上述系统更加复杂和多变，因而需要更为复杂的分析方法和计算理论来研究抑郁症患者的 BOLD 信号，才可能实现较理想的分析结果。直到现在，采用 ACT-R 结合

fMRI 方法研究 BOLD 信号获得了一定的效果和成绩，但也需综合多种先进技术，才能更加有说服力。与此同时，最近的相关实践研究也证明，采用非线性动力学方法对 BOLD 信号进行研究更客观和有效。因此，ACT-R 结合 fMRI 综合非线性动力学方法融合研究 BOLD 信号，开辟了一个更为广阔和全新的研究视野和方法领域。

### 3.4.2 可行性的保障

采用有效的分析方法和理论研究大脑认知功能和结构。从 3.3 节的介绍可以知道很多方法和理论解决复杂大脑体系导致的复杂问题，如复杂度、熵、小世界、分型理论、混沌理论等。尽管一些理论和方法刚起步，而且尚不完善，但是已经出现对一些方法综合或者改进后，得到了很好的处理 BOLD 信号效果，带给大脑认知相关研究者很大的信心和希望。目前的方法和理论不仅是处理 BOLD 信号数据的重要工具，而且也为研究和分析人脑高级认知提供了重要保障。另外，随着 BOLD 信号分析方法的不断成熟和完善、实验设计更加科学、数据处理工具越来越完美，为 BOLD 信号数据的研究提供了实施和技术支持保障。

## 3.5 本章小结

本章首先介绍了研究人脑认知的工具 ACT-R、fMRI，以及 BOLD 信号处理软件 SPM，阐述了 fMRI 相关实验设计，分析了研究人脑认知加工过程的 BOLD 信号可行性及可行性保障。由于人脑功能和结构的特点，决定需要综合多种方法和处理工具对其进行研究。通过本章介绍，对以下主要工作采用的主要方法和工具、实验设计、可行性及可行性保障有了更为具体和明确的思路，为以下几章提供了理论基础和技术支持。

第四章

# 解决加减法计算问题的不同策略研究：fMRI 结合 ACT-R

加法计算和减法计算加工过程的神经机制目前还不清楚。加法计算和减法计算是最基础、最常见的两种算术运算。不同的计算等式采用不同的策略，脑区参与范围和强度也不同。研究加法计算和减法计算认知加工策略有助于探索人脑进行不同认知加工策略的大脑活动规律，对人工智能和计算机智能的进一步发展提供参考，在很难获得某一认知任务数据的情况下提出认知模型实现对其研究。

本章首次采用 ACT-R 结合 fMRI 的方法研究被试完成没有进位和退位的二位数加减法计算的认知机制，从更细的时间微粒上探讨加法计算和减法计算的认知加工过程。本课题借鉴双加工处理理论，即关联系统并基于规则系统[106]提出了没有进位和退位的二位数加减法计算作为实验设计，双加工处理模型认为不同认知计算需要不同的神经系统参与，主要和任务设计内容相关。当任务简单时，参与认知计算的激活脑区得以充分调用并得出正确的结果，主要参与脑区包括额下回、后顶叶与颞叶[107]；在处理较困难的任务时，需要基于规则的系统来进行正确的认知计算，包含前额叶及进行规则调用的腹外侧前额叶皮层[108]。为了使以上研究结果更加有效，仍需要更多的 fMRI 实验设计及分析方法来验证，因此，本课题以行为实验结果及加减法的 BOLD 数据结果为依据，分别建立了加减法计算的 ACT-R 假设模型，通过仿真结果验证了假设模型的合理性。总而言之，如果从脑功能网络上讲，双加工处理理论一方面是相互对立的，另一方面却又是相互互补的。该理论对活体大脑接受外部刺激自发引起神经活动产生的内部功能组织本身具有的拓扑机制研究来说，具有很高的研究价值，对自发神经活动的神经机制研究有很高的理论价值。作为脑信息学系统方法学有关情绪、认知、抑郁症研究的第一步，综合整个实验系统，经过本课题组成员不断修改和完善，采用没有进位和退位的二位数加减法计算最为合理，为第五章不同情绪刺激下加减法计算认知建模、第六章抑郁症患者在不同情绪刺激下加法计算认知建模提供前期准备。

本章通过对以往关于算术运算的 fMRI 及 ACT-R 相关研究成果，目的是从深层次、更简单、更容易、更细时间微粒上理解人脑进行认知计算的内部协同工作原理和认知加工过程，揭示不同认知计算策略的大脑神经机制。本章从行为实验、fMRI 实验、ACT-R 仿真实验，全面、系统地探讨不同数字计算的加工机制。

## 4.1 材料与方法

### 4.1.1 被试

17 名（女 7 名；年龄（25.76 ± 3.78）岁）来自北京工业大学的在校学生参与了本实验，被试均为右利手，视觉正常或校正后正常，体内无金属，没有精神类和神经类疾病史，所有被试在进行实验前签署知情书，该研究经首都医科大学道德委员会批准，实验结束后支付被试一定费用。整个实验过程被试尽量保持头部不动。

### 4.1.2 实验设计内容选取

通过第一章对数字计算相关研究的介绍，根据本实验总体情况，采用没有进位和退位的二位数加减法计算为实验设计内容。

### 4.1.3 实验设计

本章研究 fMRI 实验采用组块实验设计。一个组块内部包含 4 个相同的事件，每个组块持续 24 s，两个组块之间间隔 24 s（没有任务），并采用间隔时间作为基线。

在实验中以相同的方式呈现任务刺激，本课题主要考察加法计算和减法计算，如表 4–1 所示。实验刺激材料包括二位数数字和操作符号，按照“被加数”“加数”“操作符号”和“参考答案”顺序呈现。被加数一般比加数大，被试被要求完成加法计算中“被加数 + 加数”或者减法计算中“第一个操作数 –

第二个操作数”。计算过程没有进位和退位操作。被试对屏幕上呈现的答案做正误判断，正确按下左键，错误按下右键。参考答案的错误范围为“正确答案 ±1 或者 ±10”；所有任务中错误等式占 50%。为了避免视觉自动加工，等式按照设计好的顺序呈现。所有刺激在很短的时间逐一呈现。如图 4–1 所示，第一个操作数、第二个操作数、操作符号和参考答案的呈现时间为 250 ms、250 ms、500 ms、2000 ms。每两个刺激之间有 500 ms 的暂停（仅显示黑屏），判断正误时间为 1500 ms。

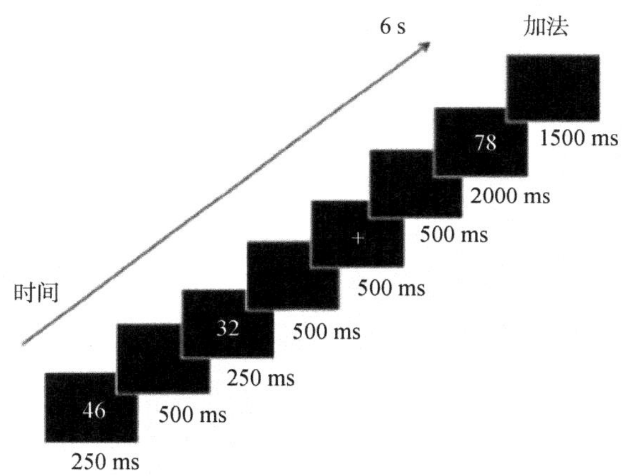


图 4–1　刺激呈现

表 4–1　实验任务

| 任务 | | | 呈现顺序 | | 按键 |
|---|---|---|---|---|---|
| 加法 | 46 | 32 | + | 78 | 左键（正确） |
| 减法 | 46 | 32 | – | 13 | 右键（错误） |

### 4.1.4　数据采集

本实验采用首都医科大学附属宣武医院 12 通道相控阵头线圈的 3.0T 磁共振成像扫描仪（Siemens Trio Tim；Siemens Medical System，Erlanger，Germany）完成所有被试的头部 MRI 扫描实验，并采集功能像和结构像及静息态数据。开始实验之前，被试首先填写事前问卷调查表，正式实验之前被试完成按照正式实验内容设计的训练，正确率达到 80% 以上方可进入正式实验程序。被试经过专业医生检查后进入扫描室，平躺在扫描仪上，同时，利用专门塑胶衬垫将被试头部进行固定，目的是防止扫描过程中被试头部移动影响实验结果。采集两种结构像，一种是磁化准备快速梯度回波脉冲序列得到的全脑三维高分辨率 T1 加权像，利用磁化快速梯度回波获得 T1 加权 3D 结构像厚度为 1 mm 的 192 个解剖像（$TR$ = 1600 ms，$TE$ = 3.28 ms，$T1$ = 800 ms，$FOV$ = 256 ms，翻转角度 = 9°，体素 = 1 × 1 × 1 $mm^3$）。通过回波平面成像获得任务态和静息态的功能像（$TR$ = 2000 ms，$TE$ = 31 ms，$FOV$ = 240 ms，翻转角度 = 90°，矩阵 = 64 × 64）。覆盖全脑横断位图像共 30 层。奇数偶数交替顺序扫描，中间扫描层为第 29 层，所有扫描平面均平行于 AC-PC 的连线。

共扫描 8 个任务组块，每个组块包含 4 个事件，前 4 个任务组块顺序为：首先开始减法组块，中间 2 个加法组块，最后一个减法组块；下 4 个任务组块顺序为：首先开始加法组块，中间 2 个减法组块，最后一个加法组块。每个组块的第一个与最后一个事件前后均有 24 s 休息，每个事件内部呈现方式为：250 ms 呈现第一个操作数，接着休息 500 ms，再呈现 250 ms 第二个操作数，休息 500 ms，呈现 500 ms 操作符号，休息 500 ms，呈现 2000 ms 结果，最后是 1500 ms 判断时间，每个事件共持续 6 s。每个事件扫描时间均相同，均为 6 s。因此，整个实验过程可以被划分成 3 个状态，即前静息、任务态、后静息。在任务态扫描过程中，被试被要求完成加法计算或减法计算，并通过按键对结果进行正误判断。本章实验设计由本课题组日本前桥工科大学杨阳博士设计，fMRI 分析结果也是由其完成，本课题主要对研究者杨阳的结果进行建模，并对其进行解释和验证，详细材料请查阅文献 [108]。在本章研究之中，我们只关注脑信号数据为加法计算和减法计算的相应数据。

### 4.1.5 数据预处理

采用 SPM12 软件（Wellcome Trust10 Centre for Neuroimaging，London，UK，http://www.fil.ion.ucl.ac.uk）和 REST Toolkit 软件来完成 fMRI 数据预处理。为避免首次实验被试不适应该环境，以及磁共振设备在每一个事件开始时的磁场不均匀可能会影响实验结果的准确性和有效性，为了使分析的数据是来自磁场匀称的有效数据，我们采用删除每一个被试每一个事件的前 5 个数据，然后对每个层间的时间做校正，以及对被试头动数据做校正（去除头部三维旋转角度大于 3° 或者三维平移大于 3 mm 的被试数据，共 1 个，可用数据为 17 个）、空间校正（将结构像标准化到 MNI 标准模板上，应用标准化参数到 EPI 映像）、高斯平滑，对 fMRI 数据进行高斯平滑，其中 FWHM 设置为 8 mm。然后对每一列数据进行重采样，使每个体素为 $3 \times 3 \times 3\ mm^3$。随后，利用 REST 软件的功能连接功能提取数字数据。首先设置要提取脑数据的感兴趣脑区的位置坐标，根据体素大小计算大概半径，设置半径大小，将对应要提取的所有被试高斯平滑后数据导入，获得感兴趣脑区所有体素对应的时间序列数据。根据实验设计，对应提取加法计算和减法计算的数字数据，每个组块作为一组，对应求平均值，从而获得所有被试在某一脑区进行特定认知计算的 BOLD 信号。为了降低漂移及避免高频噪声对分析结果的影响，我们利用带通滤波器对原始信号数据加以处理，频率范围设置为 0.01 ～ 0.08 Hz。除此之外，生理噪声及头动也是影响分析结果有效性的因素，对此我们采用多元线性回归方法对被试对应特定激活的脑区时间序列加以处理 [109]。在本课题中，采用 6 个全脑平均信号作为协变量，其余数据为该数据所对应脑区内部激活引起神经活动而产生的 BOLD 信号。

### 4.1.6 fMRI 分析

本部分由前桥工科大学杨阳博士完成，本课题工作是以其研究结果为依据，结合行为实验结果及事后问卷调查表，建立相应的认知假设模型，从而进一步解释和验证行为数据和 fMRI 结果。fMRI 分析采用 SPM8 软件的一般线性模型对数据进行个体分析和组分析的统计分析，基于一般线性模型对每一个被试的脑图像进行对比。在进行组分析时，对比图像的每一个体素进行单样本 $t$ 检验。一些响应与人体在任务时运动导致的认知激活不相关，在基线对比时去除呼吸和心率。揭示加法计算和减法计算的共同激活脑区及各自激活脑区。FDR（错误发现率）的阈值设置为 $p < 0.05$，最小簇大小设置为 $k > 10$ 个体素，以识别共同激活脑区在进行计算的单个参数。最后，加法计算和减法计算的差异体现在减法计算对应的激活脑区显著比加法计算对应激活脑区激活程度强烈。利用 GingerALE 和 Talairach Daemon（BrainMap Project，Research Imaging Center of the University of Texas Health Science Center San Antonio，USA，http://brainmap.org），将获得激活脑区的 MNI 坐标转换成 Talairach 坐标。

（1）确定性分析

仅对正确的数据进行分析（错误响应事件超过一半和干扰事件大于要求的数据不进行分析）。响应时间是从计算等式呈现到按键响应之间持续的时间。采用带有时间导数的标准 HRF 记录 BOLD 信号，$RT$ 表示每个事件持续的时间（反应时）。根据一般线性模型估算每个体素的刺激影响程度，采用线性对比方法比较特定脑区的激活程度。每次对比产生一个 $t$ 统计的参数统计图，接着，参数统计图被转换成统一的标准 $z$ 分布。采用随机效应分析每个被试的对比映像数据，以确定采用 $t$ 检验模板得到被试激活最强的脑区。

（2）探索性分析 [110]

感兴趣脑区（ROI）分析主要关注 ACT-R 中二个预定义脑区即外侧前额叶和后顶叶脑区。采用 SPM8 中的一般线性模型得到两个 ROIs 脑区平均 beta 值的统计结果。

为了使我们的研究与先前研究具有相关性，我们报道了加法计算与减法计算任务的相应脑区激活结果，但是重点还是关注两个策略的激活。可以通过以下两步得到共同激活脑图：先输出加法计算激活脑图作为标记，之后在此标记中分析减法计算激活脑图。采用内容对比的交互方式（加法计算—减法计算）和（减法计算—加法计算）分析每个策略的特定脑区。激活结果显示体素水平密度阈值 $p < 0.05$ 下的整个脑区 FDR。

### 4.1.7 ACT-R 建模

ACT-R 的特定任务建模步骤：①分析实验任务，提出实验任务的心理认知加工假设；②定义陈述性知识和程序性知识；③对假设模型的代码及参数进行调整；④模拟结果和真实结果进行对比和分析，判断假设模型的有效性与合理性。

任务分析是对被试进行加减法计算的过程进行详细分解，对被试在计算任务解决时的高级认知计算活动进行分析，以此作为依据，提出相应的认知计算假设模型，如图 4–2 所示。

根据实验设计及呈现方式，在进行加减法计算任务前，首先对呈现第一个操作数进行定位、识别、记忆，然后对呈现操作符进行定位、识别、记忆，接着对呈现第二个操作数进行定位、识别、记忆，同时对第一个操作数和第二个操作数进行心理表征和运算。通过对比被试的问卷调查表可知，被试一般采用个位数相加，然后进行十位数相加，最后组合得出结果。在显示屏显示结果时，被试需要对显示屏显示结果进行正误判断，如果显示屏显示的答案正确则按左键，否则按下右键。通过对行为实验数据的统计结果可知，在正确率方面，被试进行加法运算的正确率显著高于减法运算，在反应时方面，被试进行加法运算的反应时明显比减法运算的反应时短。任务分析的目的是要找出产生这种实验结果的内在原因。根据对被试进行加减法认知计算的研究结果发现，加法运算激活的脑区显著弱于减法运算时感兴趣脑区激活的强度，感兴趣脑区激活的范围显著小于减法运算感兴趣脑区激活范围。由于人们一般第一次接触和学习的是加法运算，减法运算是基于加法运算的演变，这样的习惯有可能是产生此实验结果的一个重要原因，我们称此结论为计算主效应。通过分析发现，此结论同样也适用于不同复杂程度的计算任务（如解方程等）。加法运算主要在陈述性记忆提取速度和信息处理过程（即加工策略不同，加法运算主要以提取策略为主，减法运算则是混合策略，也就是提取策略同时伴随计算策略）不同。例如，加法运算的心算过程主要是个位数和十位数对应相加时，从知识库中直接提取对应结果，然后组合得出结果，并对屏幕显示结果进行正误判断；而减法运算的心算过程开始是加法运算提取策略，然后进行减法计算策略得到结果。行为实验的数据统计结果也说明了这一点。因此，突出显示相对于减法运算，被试更擅长处理加法运算任务。

回顾实验结果，我们开始思考是否可以在 ACT-R 理论框架下解释实验结果。我们构建的模型主要依赖视觉感知刺激，手动模块响应刺激，提取模块从记忆库中提取知识，映像表征模块编译和更新存储表征。通过程序模块调用这些模块之间的交互 [60]。例如，以下假设为加法计算的产生式规则：

IF the goal is to solve the number series problem

and the problem is of the form “Number1 Number2 Number3”

and “Number1 + Number2 = Number4” has been retrieved

THEN judge the answer Number3 is right or not

前额叶脑网络特定感兴趣脑区对应的提取模块和映像表征模块，在认知计算研究中起着非常重要的作用。我们开始解释对两个模块的 BOLD 响应的预测过程。图 4–2 以加法计算（13+12=25）和减法计算（25–13=12）为例，解释 ACT-R 4 个相关缓冲器加工流程。每个方块反映缓冲器激活的时间范围，方块的垂直高度表示缓冲器的持续时间长短。根据图 4–2 的加工过程和它们的持续时间，本课题验证前额叶区域的 BOLD 响应能够被预测。参数设置如表 4–2 所示。

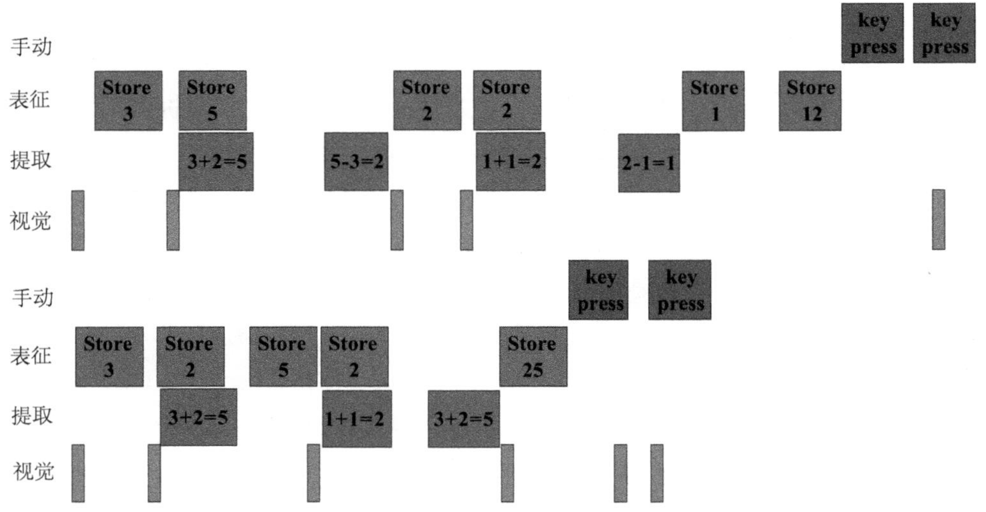

图 4–2　加法计算“12+13=25”与减法计算“25–13=12”的 ACT-R 模型解决过程

表 4–2　BOLD 函数预测参数大小

| | 表征 | 提取 |
|---|---|---|
| 指数（$\alpha$） | 2 | 2 |
| 级数（$s$） | 3 | 3 |
| 量级<br>$M\Gamma(\alpha+1)^*$ | 6.10 | 4.26 |

## 4.2　实验结果

### 4.2.1　行为实验结果

我们从两个角度对变量进行分析：加法计算和减法计算的反应时（RT）和正确率（ACC）。行为实验结果显示，被试以期望方式解决任务（表 4–3）。加法计算和减法计算在反应时和正确率方面差异性显著：相对于加法计算，减法计算的激活响应显著较大（$F(1, 21)=93.24$，$p<0.001$），正确率较低

（$F(1, 21)=59.61$，$p < 0.001$）。这说明这种显著的交互作用主要由策略的不同引起。

**表 4–3　行为结果**

| | 反应时 /ms | 正确率 /% |
|---|---|---|
| 加法 | 687.34 ± 96.71 | 94.9 ± 4.57 |
| 减法 | 714.61 ± 127.75 | 93.42 ± 5.79 |

从以上行为实验结果能够得出：策略的复杂度对任务解决效果产生影响。得出上述行为实验结果的本质原因，可能是因为不同的任务复杂度在进行信息选择、信息提取、信息整合方面时不同而产生的。正如前面理论分析过程所述，认识计算任务开始是先接触加法计算，然后延伸至减法计算和其他较为复杂的计算问题，而且由于有加法口诀，因此，人们在解决加法计算时，是以陈述记忆知识库中直接提取为主。而被试进行减法计算，首先是将减法转换成加法，从知识记忆库中提取相应第二个操作数加一个什么数等于第一个操作数的结果，然后使用第一个操作数对第二个操作数相减得出结果。因此，被试进行减法计算的心算过程包括提取策略和计算策略，并且从 fMRI 分析的减法计算比加法计算的感兴趣脑区激活强度更强且激活范围更大，同时在右脑区激活更为显著，计算策略对脑区耗氧量更大。由以上分析得出了与之相符的行为实验结果，在反应时上：完成加法计算任务使用的平均反应时为 687 ms，完成减法计算任务使用的平均反应时为 714 ms，相差 27 ms；同样，被试完成加法计算和减法计算在正确率方面也显示了差异，如表 4–3 所示，加法计算和减法计算在平均正确率存在 1.48 个百分点。

### 4.2.2　fMRI 实验结果

fMRI 分析结果主要由本课题组成员杨阳博士完成，本课题主要以该 fMRI 研究结果为假设模型建立的一个参考依据。其中，fMRI 结果中的共同激活脑区：所有任务条件 [ 加法计算（AT）、减法计算（ST）及包含的记忆任务（MT）] 与没有任务状态（NT）进行比较，并采用功能连接分析方法比较 AT ＞ NT 和 ST ＞ NT，以获得加法计算和减法计算的共同激活区域（表 4–4）。阈值取

$p < 0.05$ 与 $k > 10$ 时，右侧脑区的视觉皮层及包含双边楔叶、梭状回、语言脑区的额顶叶网络有显著激活；左侧脑区的双边顶下小叶、右侧顶上小叶、双侧脑岛、中央前回、额上脑区和额内侧回有显著激活（图 4–3）。

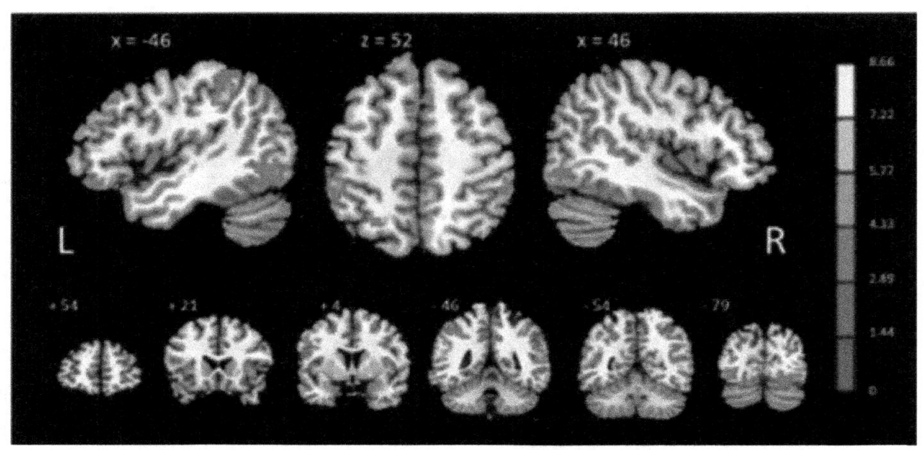


图 4–3　加法计算和减法计算在 MNI 坐标上的共同激活

表 4–4　加法计算和减法计算共同激活脑区 [108]

| 脑区 | BA | 簇 | Talairach 坐标 | | | $T$ 值 |
|---|---|---|---|---|---|---|
| | | | $x$ | $y$ | $z$ | |
| 右楔叶 | 17 | 624 | 18 | −93 | −1 | 8.66 |
| 右舌回 | 17 | | 21 | −84 | 0 | 7.78 |
| 右梭状回 | 19 | | 27 | −83 | −10 | 6.61 |
| 左顶下缘角回 | 40 | 250 | −43 | −45 | 38 | 6.85 |
| | | | −49 | −41 | 46 | 5.98 |
| 左楔叶 | 17 | 601 | −15 | −95 | −1 | 5.79 |
| 左梭状回 | 19 | | −23 | −86 | −11 | 5.75 |
| 左中央前回 | 6 | 38 | −51 | 3 | 37 | 4.57 |
| | | | −46 | 0 | 31 | 4.01 |
| 左额下回 | 9 | | −54 | 6 | 29 | 4.08 |

续表

| 脑区 | BA | 簇 | Talairach 坐标 | | | T 值 |
|---|---|---|---|---|---|---|
| | | | x | y | z | |
| 右顶下缘角回 | 40 | 33 | 48 | −41 | 48 | 4.49 |
| | | | 40 | −49 | 47 | 3.60 |
| 右顶上小叶 | 7 | | 34 | −55 | 52 | 3.31 |
| 左脑岛 | 13 | 18 | −32 | 14 | 9 | 3.71 |
| 右脑岛 | 13 | 17 | 30 | 16 | 13 | 3.57 |
| 左额中回 | 6 | 17 | −4 | 1 | 48 | 3.49 |
| 左额上回 | 6 | | −2 | 10 | 49 | 3.31 |
| 右额上回 | 6 | | 7 | 10 | 52 | 3.23 |

计算的特定成分：

经过采用功能连接分析方法研究加法计算和减法计算共同激活脑区，发现加法计算和减法计算各自的特定激活成分。两种操作可能不仅包含相似计算过程，而且计算的策略和模式比较相近。为了提取和保持计算的认知成分，比较 AT、ST 和 MT 排除额外成分（如视觉编码、信息保持、按键操作等）如表 4–5 所示。比较 AT ＞ MT 得到加法计算成分，包括左半球的中央前回和海马区域、尾状核、扣带回、壳核、腹外侧前额叶皮层、左半球脑区尾状核、双侧脑岛及楔前叶。相似的方法比较 ST ＞ MT 得到减法计算的左侧激活区域包括壳核、海马区域、右侧语言区域、去除左额中回及下回的脑岛、楔前回、后扣带回、顶下小叶、梭状回，详见图 4–4。

**表 4–5　加法计算和减法计算的差异成分** [108]

| 比较 | 脑区 | BA | 簇 | Talairach 坐标 | | | T 值 |
|---|---|---|---|---|---|---|---|
| | | | | x | y | z | |
| 加法＞记忆 | 左中央前回 | 6 | 104 | −43 | −5 | 26 | 7.00 |
| | 左脑岛 | 13 | 79 | −26 | 16 | 12 | 6.64 |
| | 左海马 | | 27 | −29 | −37 | 7 | 6.24 |

续表

| 比较 | 脑区 | BA | 簇 | Talairach 坐标 | | | $T$ 值 |
|---|---|---|---|---|---|---|---|
| | | | | $x$ | $y$ | $z$ | |
| 加法＞记忆 | 右尾状核 | | 165 | 24 | −40 | 13 | 6.09 |
| | 右扣带回 | 31 | | 24 | −47 | 23 | 5.78 |
| | 右楔前叶 | 7 | | 26 | −67 | 29 | 4.80 |
| | 右壳 | | 46 | 24 | 19 | 13 | 5.75 |
| | 右腹外侧前额叶 | 13/47 | | 32 | 15 | −1 | 4.66 |
| | 右脑岛 | 13 | | 32 | 20 | 5 | 4.36 |
| | 左楔前叶 | 7 | 82 | −24 | −52 | 43 | 5.43 |
| | 右尾状核 | | 11 | 15 | −16 | 28 | 4.67 |
| 减法＞记忆 | 右壳 | | 7049 | 24 | 19 | 13 | 9.08 |
| | 左额中回 / 额下回 | 46/45 | | −48 | 27 | 23 | 7.28 |
| | 左脑岛 | 13 | | −43 | 5 | 18 | 7.23 |
| | 左楔前叶 | 7 | 1034 | −24 | −59 | 37 | 6.36 |
| | 左后扣带回 | 30 | | −29 | −74 | 11 | 5.86 |
| | 左顶下小叶 | 40 | | −43 | −43 | 38 | 5.74 |
| | 左梭状回 | 37 | 66 | −45 | −52 | −11 | 4.29 |
| | 左海马旁回 | 30 | 27 | 21 | −40 | 7 | 3.78 |
| | 右舌回 | 18 | 33 | 13 | −71 | 7 | 3.55 |

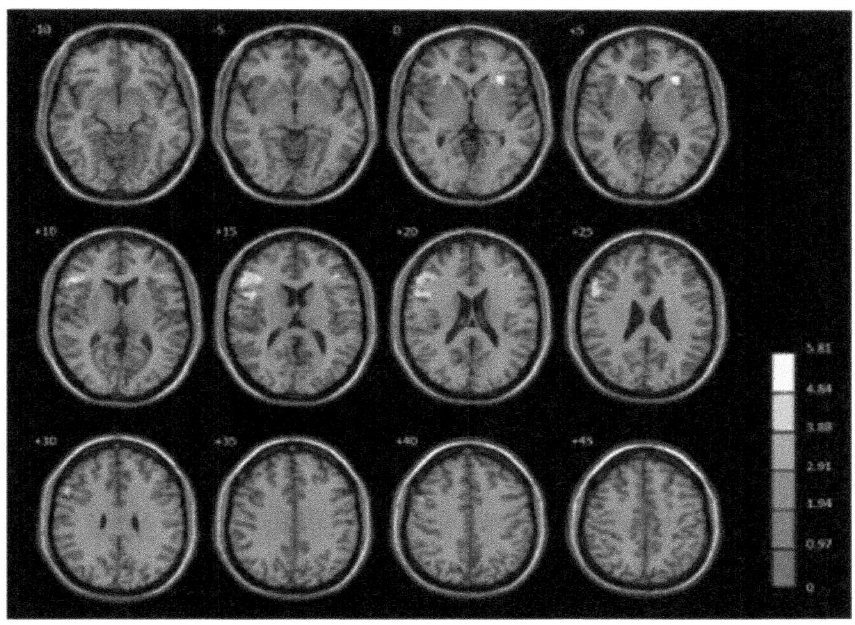

图 4–4　加法计算与减法计算差异的轴向视图 [108]

加法计算和减法计算的 $t$ 检验：

相对于加法计算，考虑到减法计算可能包含更加复杂的运算过程，采用单样本 $t$ 检验比较 ST ＞ AT 来探索两种操作之间的差异（表 4–6）。完成减法计算时左前额下回脑区（BA44 和 BA45）、左前中央前回、双侧脑岛激活程度更加强烈；并没有发现有脑区激活程度下降，这说明完成加法计算的全脑激活程度比完成减法计算的全脑激活程度弱，详见图 4–4。阈值设置为 $p < 0.001$（无校正）和 $k > 10$，通过比较加法计算和减法计算发现小体素。

表 4–6　ST ＞ AT 的激活区域 [108]

| 脑区 | BA | 簇 | Talairach 坐标 | | | $T$ 值 |
|---|---|---|---|---|---|---|
| | | | $x$ | $y$ | $z$ | |
| 左额下回 | 44/45 | 228 | −48 | 22 | 17 | 5.81 |
| 左脑岛 | 13 | | −40 | 24 | 18 | 5.4 |
| | | | −42 | 7 | 18 | 4.91 |
| 右脑岛 | 13 | 41 | 27 | 22 | 10 | 4.34 |
| 左中央前回 | 6 | 13 | −49 | −1 | 42 | 3.99 |

确定性分析：

我们重复研究后顶叶（PPC）和外侧前额叶（LPFC）两个感兴趣脑区，两个感兴趣脑区呈现相同的激活模式，计算主效应（LPFC 为 $F(1,22)=67.10$，$p<0.001$，PPC 为 $F(1,22)=35.45$，$p<0.001$）最为显著。重复因果关系比较结果显示，不同的计算策略对脑区激活程度及范围不同，如加法计算和减法计算。

探索性分析：

两个简单的计算主效应（如 ST、AT）表现为相似的激活模式。加法计算和减法计算的共同激活脑区中最为显著的为左前额叶（DLPFC，BA46/9）及双侧顶上小叶（SPL，BA7）不包括左侧顶下小叶（IPL，BA40），见表 4–7、图 4–5。

我们进一步采用反应时作为协变量来控制任务难易程度的影响，并以反应时体现，我们发现左侧 DLPFC 和 PPC 仍然存在体素，但个数非常少。

**表 4–7　两种策略共同激活脑区** [110]

| 脑区 | BA | 簇大小 | 坐标 | | | $T$ 值 |
|---|---|---|---|---|---|---|
| | | | $x$ | $y$ | $z$ | |
| 左额中回 | 46 | 67 | −48 | 27 | 21 | 11.54 |
| 左额下回 | 9 | | −51 | 12 | 30 | 10.26 |
| 左额中回 | 6 | | −51 | 3 | 45 | 7.12 |
| 左顶上小叶 | 7 | 24 | −27 | −63 | 45 | 7.85 |
| | | | −24 | −69 | 51 | 7.16 |
| 右顶上小叶 | 7 | 59 | 30 | −72 | 51 | 6.02 |
| | | | 27 | −63 | 48 | 5.81 |

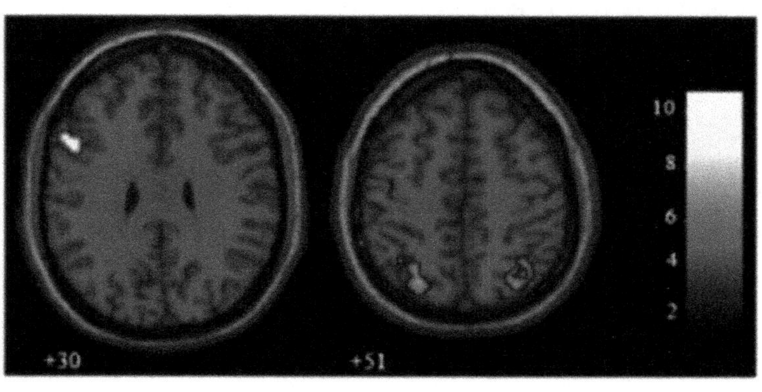


**图 4–5　两种策略的共同激活区域** [110]

### 4.2.3 ACT-R 建模实验结果

根据 ACT-R 认知加工理论对 BOLD 效应进行模拟，ACT-R 的认知模块进行一次操作均会引起对应功能脑区 BOLD 信号的变化，而且每一次变化的程度相同，BOLD 效应的变化值是 ACT-R 认知模块的时间序列上进行操作时，对应的 BOLD 效应变化程度的线性叠加。依照该假设，ACT-R 认知模块模拟出加法计算和减法计算对应脑区激活最为显著的 BOLD 信号变化，根据以往相关研究可知，BOLD 信号变化的波峰峰值一般滞后 5 ～ 8 s，因此完成本实验任务我们设计为 6 s 左右，所以相关脑区激活的变化起伏的时间应该在 0 ～ 16 s。本研究关注脑区的相关度，如 BOLD 拟合结果所示。本研究拟合结果表明该 ACT-R 模型假设不仅在逻辑上对行为结果和 fMRI 结果进行了验证，而且在对应脑区的 BOLD 信号数据拟合上也非常合理。ACT-R 仿真的目的是希望准确有效地对人类进行认知活动的脑区活动过程进行模拟，本研究的挑战也是拟合结果能够在多大程度上反映人脑认知过程的真实结果。假设模型的成功与否不但要求模拟结果和真实实验结果尽可能接近，而且还要能够对这个模型进行合理的解释。假设模型的预测值和实验真实数据之间相关度非常高，说明本研究提出的加法计算和减法计算人脑认知加工过程的假设，以及根据该假设建立的 ACT-R 认知假设模型是合理的，与真实的情况吻合度较高。

ACT-R 6.0 软件平台内部运行结果如图 4–6 至图 4–10 所示，假设模型对反应时和正确率的预测结果如图 4–11 和图 4–12 所示。设置的行为数据评估参数：陈述性记忆提取时间设置为 0.4 s，映像表征模块时间参数设置为 0.2 s。数据的偏差说明模型做了统一的预测，模拟加法计算的反应时为 670 ms，模拟减法计算的反应时为 720 ms，模拟加法计算的正确率为 95.1%，模拟减法计算的正确率为 94.3%。由此可知，对行为数据建立的假设模型具有合理性。

我们设置 $a$=2，$s$=2 s。一旦缓冲器的时间参数设置好，我们可以通过调整 BOLD 响应的 $m$ 级参数对每个脑区的 BOLD 信号变化率进行预测 [59-61]，如图 4–13 和图 4–14 所示。

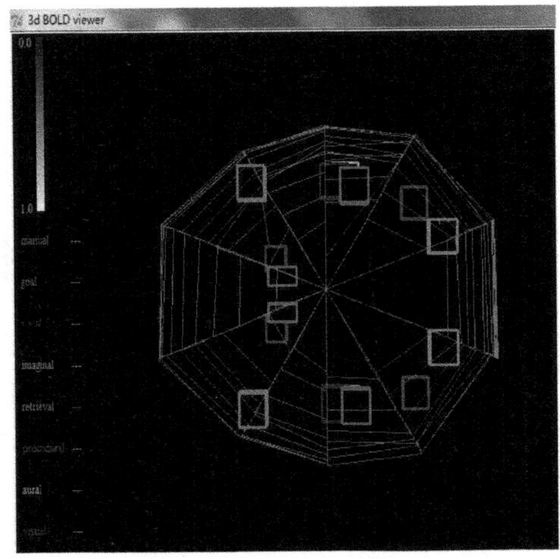


图 4–6　ACT-R 认知模块对应脑区 3D 脑图

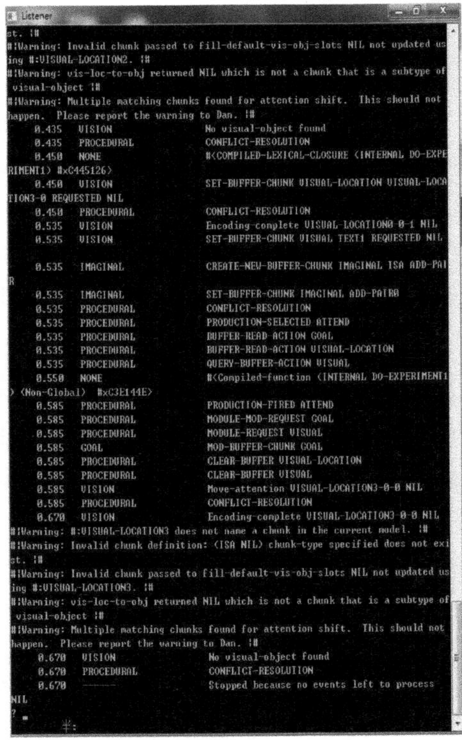


图 4–7　加法计算的认知行为时间运行轨迹

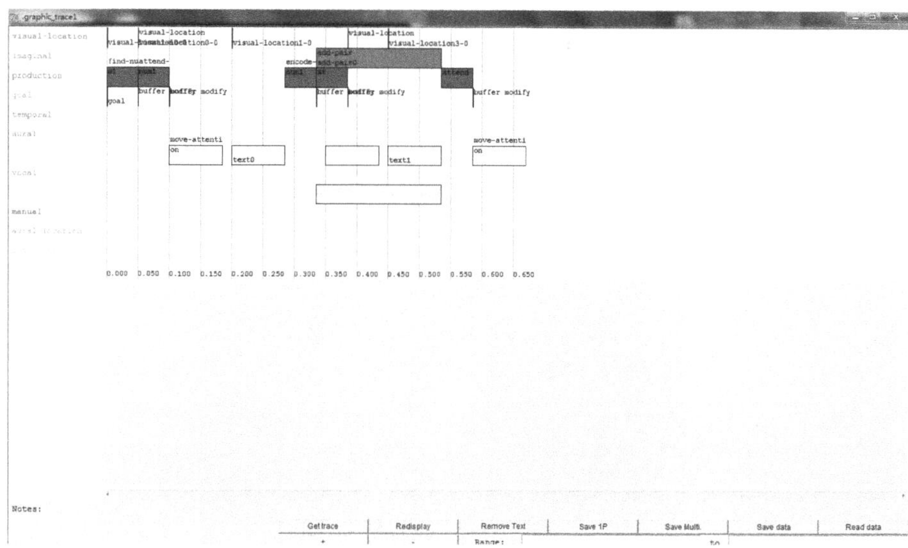


图 4-8　加法计算的认知模块协调工作图

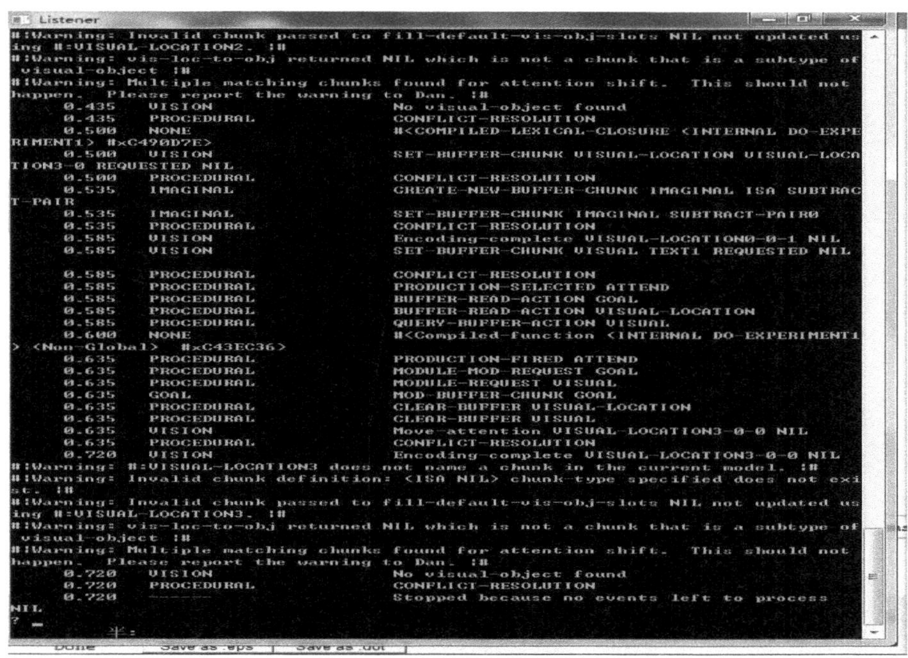


图 4-9　减法计算的认知行为时间运行轨迹

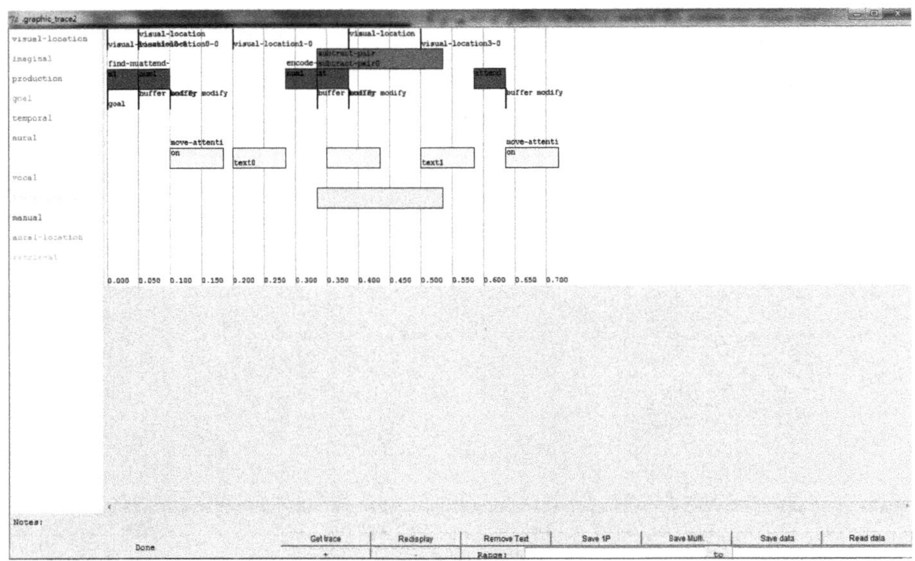

图 4-10　减法计算的认知模块协调工作图

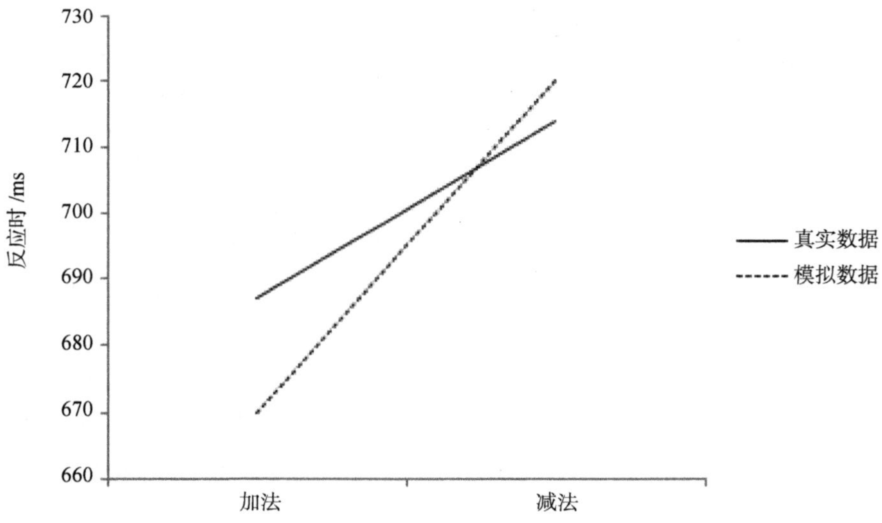


图 4-11　加减法反应时模拟结果

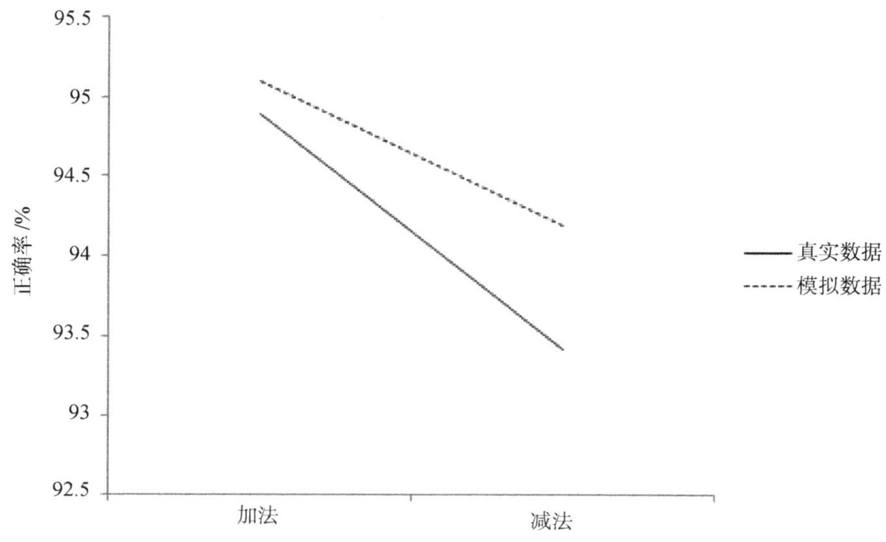


**图 4–12　加减法正确率模拟结果**

本研究的主要目的是找到加法计算与减法计算二种认知策略的神经机制差异，实验结果与仿真结果显示，加法计算任务采用提取策略，减法计算采用混合策略。相关研究的确定性分型和探索性分析表明 DLPFC（左侧 L ＞右侧 R），两种计算任务有共同的激活脑区 PPC，但激活的强度不同。同时发现，在减法计算时有激活但在加法计算时没有激活的脑区包含被内侧前额叶皮层（DMPFC）和腹外侧前额叶皮层（VLPFC）[108]。这些结果说明，策略的某些行为特征可能可以从功能数据中发现。我们构建计算假设模型来仿真被试的行为数据。结果显示，采用模型预测实验数据有一定合理性，如图 4–13 和图 4–14 所示。

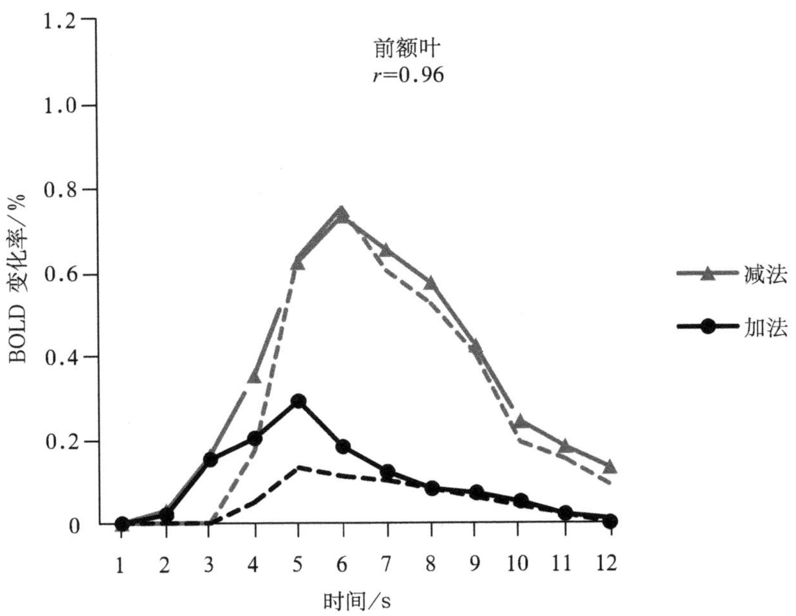


图 4-13　前额叶脑区 BOLD 效应拟合

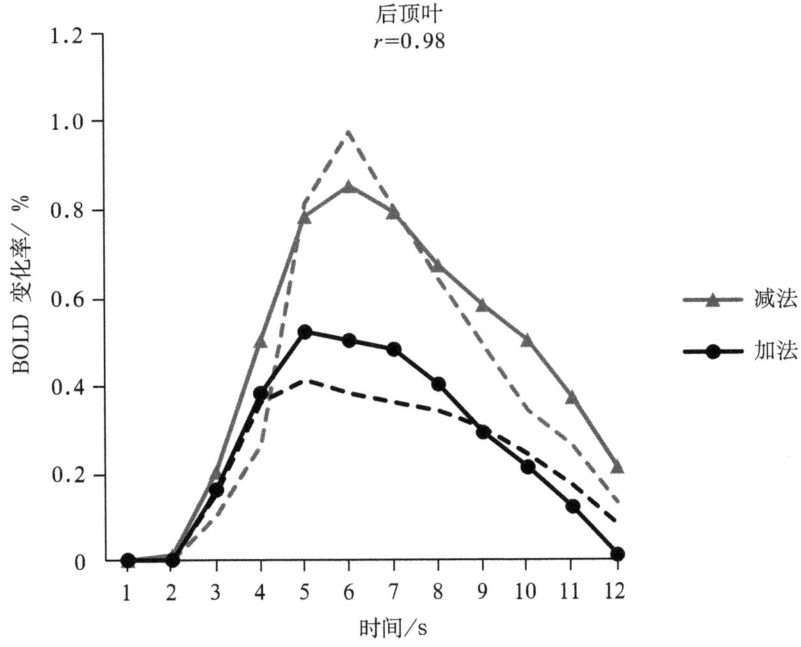


图 4-14　后顶叶脑区 BOLD 效应拟合

本研究结果也说明，进行减法计算时左侧 DLPFC 和双边 PPC 激活强度显著高于加法计算（减法计算对应脑区的 BOLD 信号数据显著大于加法计算）。这些结果也已被我们团队最近关于算术计算的 fMRI 所证实 [110]，与先前有关算术运算的研究结果一致 [57]。这说明对算术计算而言，这两个脑区是主要激活脑区。进行方程求解时，左侧 DLPFC 激活程度相对减小 [3]。有的研究结果显示，DLPFC 激活呈现右侧化 [49]，但是有的研究及本研究结果显示左侧化 [32]，结果差异可能是由于实验设计内容不同（加减计算，解方程式）。算术计算是人工智能的一个重要研究领域 [11]，算术计算被广泛应用于人工智能领域。我们将当前研究结果结合先前有关人工智能任务的神经影像学研究结果进行对比，发现采用独立策略时前额叶区域有激活，这与以往相关的 fMRI 实验研究结果相一致 [30-33]，同时也得到了新的有关人工智能理论 P-FIT（parieto-frontal theory）的支持 [73]。

关于 DLPFC 和 PPC 的功能作用有不同的解释。在算术计算领域左侧 DLPFC 与假设的评估与产生的过程相关 [3]，额顶叶网络与算术计算策略有关 [68]。文献 [17] 认为双边海马体与算术计算采用的策略有关，右侧框体皮层与任务的难易程度有关。先前的研究被解释为异常刺激的语义编码，然后进行假设选择。DLPFC（L ＜ R）与双边 PPC 被认为是认知计算的加工过程基线而非功能作用。同时在智能领域，PPC 与特征、抽象、阐述解释相关，DLPFC 及额叶脑区与测试假设相关 [63]。对不同领域不同内容有不同的解释也很正常。

在本研究中，我们在计算假设模型的帮助下对加减法计算对应脑区具体加工过程做了更加合理的解释。有关 ACT-R LPFC 与 ACT-R PPC 对应的 DLPFC 与 PPC 脑区在探索性分析中已做了详细的解释。因此推断，左侧 DLPFC 与语义 / 知识的记忆性提取有关，PPC 与问题状态的心理表征相关 [60]。尽管混合策略与提取策略在左侧 DLPFC 与双边 PPC 都有激活，但是这些区域的激活程度可以区分不同策略。相对于提取策略，混合策略对工作记忆的激活更大（提取与状态保持需求更多）。ACT-R 模型非常适合预测、解释行为实验数据与功能影像数据结果，对结果的具体加工过程解释更加合理。

当前研究结果可能还说明，算术计算理论更适合解释认知架构的潜在推理。本研究及先前研究结果显示 DLPFC 与 PPC 在算术计算中有重要作用，有关算术计算的其他研究 [26] 额顶叶区域有共同的激活。本研究同样支持了双处理理论的认知假设，该理论预测算术计算需要依赖认知需求的不同神经系统。本研究发现，越困难的任务（混合策略的减法计算）在VLPFC与DMPFC脑区的激活程度越强、激活范围越大。该结果同样进一步支持了算术计算的双加工处理理论。ACT-R更适合预测被试的行为数据与功能映像数据，是一个通用认知理论。这说明认知架构更适合解释实验结果。双加工理论已经被以往实验所验证[37]。

总之，ACT-R建模与仿真进一步验证了行为实验与BOLD信号数据结果，仿真结果进一步表明了假设模型的合理性与有效性。为研究人类不同认知任务的神经机制提供了一个新的方法，为今后复杂或者数据采集困难的认知任务的解释和验证提供了理论基础。

## 4.3 讨 论

（1）数字计算研究的相关脑区与神经基础

数字计算不仅需要加工过程，而且还需要对其进行运算的操作过程。同时数字加工有非语言性和语言性这两种形式。读、听、写等是数字加工的语言性；对数字大小进行比较，数字大小进行排序及近似判断等归类为数字加工的非语言性[111]。简单计算和真正计算是运算操作的两种形式。简单计算是一种语言记忆库网络的语言形式，因此不能作为真正的计算。简单计算主要是对人脑记忆库中的知识进行提取，主要由人脑的左侧部分脑区来完成，包括丘脑核团、基底核、额下回、颞上回后部与颞中回后部[112]。但真正计算包含多步骤的数字运算，主要发生在左侧前额叶，但需要右侧前额叶脑区的配合，数字计算的复杂程度不同，参与脑区的激活范围和程度也有一定差异[113]。被试在进行数字计算过程当中往往需要对中间计算结果进行提取和记忆的操作，fMRI相关研究在这一过程中词语的工作记忆有一定程度的参与，同样空间工作记忆也参与进了这一个过程[109]。由此可知，额叶脑区不仅是工作记忆的主要脑区，同时也是语言记忆的重要脑区，在计算任务中额前部皮层、运动前区/运动区与额叶背/腹外侧区常有激活。

（2）实验设计的任务设置与激活脑区

本课题研究中采用组块设计方式，实验任务采用没有进位和退位的二位数加法计算和减法计算为实验范式，要求被试通过心算得出答案并对显示屏上的结果进行正误判断。实验任务与计算任务在视觉定位、记忆存储、内容运动、思维注意及语言的功能。实验设计的正误与计算任务中结果正误能够有效接近，这样就可以避免被试进行按键操作而导致的运动脑区激活而对实验结果产生影响。它们的差异为：减法计算比加法计算从计算过程角度相对更加复杂。相对于加法计算，减法计算较为复杂，被试在同样的时间里，减法计算的运算过程比加法计算对数字的提取、数字存储及数字运算次数都多，相关脑区进行的操作越多，血流的速率就越快，脑区激活的程度和范围也随之越大。从上述可知，刺激速率的脑区响应主要在顶叶与左额叶区域，可能是因为减法计算需要更多数字工作记忆储存和提取数字信息，以往关于数字工作记忆的 fMRI 实验研究结果表明左额叶腹外侧区（BA46/9）与后顶叶（BA7）激活程度最为明显。

本课题 fMRI 实验结果证明，加法计算和减法计算任务主要差别体现在右顶叶（BA7/40）脑区，在本章的实验中，被试进行加法计算时没有出现激活，而进行减法计算任务时却有明显激活。同时，右侧缘上回脑区在减法计算任务中也出现了一定的激活。被试进行减法计算任务过程中不仅需要知识提取，而且还需要进行计算，因此，我们猜测被试在进行记忆和加工时右侧缘上回非常重要 [24]，虽然右顶叶起着关键作用 [71]。同时还发现，被试完成加法计算和减法计算中左顶叶是共同激活脑区。

（3）数字计算任务相关脑下皮层

对人们进行认知加工影响的还包含皮层下结构，甚至可能改变认知加工过程，其中包括大脑记忆障碍、智力发育不全、计算力障碍及人格发生实质改变。Menon 研究团队采用 fMRI 方法对数字计算信息加工过程的研究表明，随着实验内容难度的不断增加，前额叶脑区和顶叶脑区激活最为显著之外，小脑区域、尾状核及脑下皮层均出现了不同程度的激活 [75]。正电子发射断层成像技术对此研究结果表明，选择右利手健康被试进行简单算术计算任务与单纯的数字重复任务，进行计算时激活的脑区除左顶叶皮层、左额叶背外侧皮质、扣带回与两侧额中回之外，还包括丘脑内侧、左壳核等 [70]。同时，相关研究者还发现不同难度的实验任务还与基底核有一定关系，实验任务内容较难时不仅调用更多的运算规则，同时也调用了更多的程序性记忆 [77]。Dehaene 研究团队发现，定义简单地从陈述性记忆库中提取相关知识的操作主要以基底核的参与为主 [114]。

本课题研究结果表明，被试在进行加法和减法计算时，纹状体也均有不同程度的激活，该发现表明纹状体同样也是参与数字运算的重要脑区。在加法计算中，纹状体边缘区和左侧苍白球均有激活；减法计算中，左丘脑也表现出了不同程度的激活。Shu 研究团队对大鼠的脑纹状体研究时，发现了纹状体边缘区，即苍白球与纹状体间一条新月形状区域[115]。之后在人、猴与猫的纹状体内均发现了边缘区。根据相关研究可知，人脑边缘区存在于苍白球头外侧部分，属于壳核内侧部分的一个扁平形状（像盘子）的结构区域，其功能作用主要和学习记忆相关[23, 65]。2002 年，舒斯云等发现，一个老年患者表现的记忆力减退与双侧壳核内侧脑区有很大的密切关系，在减法计算任务的口算实验中老年患者表现也较差，其反应时间远远大于正常人，然而老年患者的笔算能力表现却是正常[116]。本研究团队成员的研究结果表明，被试完成听觉对数字记忆时参与的脑区主要有左侧纹状体边缘区及前额叶脑区，由此可以认为该区域是一个皮下中枢[50]。最近的相关研究结果同时认为，不但在任务记忆中，而且在数字短时记忆的实验任务里，部分壳核、双侧尾状核也有不同程度的激活。本研究通过采用 ACT-R 对数字计算任务的大脑认知过程建立假设模型，并利用仿真结果与行为实验结果和 fMRI 实验结果进行拟合，从更细时间微粒解释了人脑进行不同认知计算任务的认知加工过程及相关脑区协调工作原理，进一步验证了假设模型的合理性与有效性。

综上所述，本课题首次采用 ACT-R 建模与仿真的方法对组块实验设计的没有进位和退位的加减法计算任务进行研究，不仅行为数据的模拟结果在数据上说明假设模型的合理性，而且从 BOLD 信号变化率拟合结果上进一步验证了假设模型的有效性。同时，本研究团队成员对加法和减法计算的 fMRI 研究发现数字计算为人脑的一个复杂认知加工过程，需要大脑不同脑区协同作用来完成。本研究团队发现进行数字记忆时纹状体边缘区有一定激活，因此，推测该区域在数字记忆中起着一定的作用，但仍需采用更精确的实验对其做进一步的研究。

## 4.4 本章小结

本章利用 ACT-R 建模与仿真的方法研究加减法计算的人脑高级认知加工过程之间的差异，依据加法计算和减法计算共同激活脑区中激活最为显著的 DLPFC 和 PPC 脑区为研究对象，依据行为实验结果、事前事后问卷调查结果和本研究团队其他成员的 fMRI 研究结果，对人脑进行加法计算和减法计算任务的大脑认知加工过程建立假设模型。根据 Dehaene 的三联体模型提出了问题假设[117]，解释了加法计算和减法计算任务的不同认知加工过程，以及关注认知模块在这两种认知加工过程的作用。通过行为实验和 fMRI 实验对不同计算任务的反应时和感兴趣脑区的 BOLD 信号进行分析，对加法计算和减法计算的不同认知过程进行了分析。并采用 ACT-R 6.0 认知开发平台建立了假设模型，并通过计算机对模型进行了仿真实验，模拟加法计算和减法计算的认知过程，模拟的行为结果和关注脑区的 BOLD 信号变化率与真实实验的行为数据和 BOLD 信号变化率进行了有效拟合，对假设模型的合理性进行了验证。假设模型模拟反应时与真实反应时有效接近，在数据上对假设模型的合理性进行了验证；同时假设模型输出的主要认知模块具体信息加工过程也在逻辑上对假设模型的合理性进行了有效验证。在讨论部分增加了本研究团队成员相关的 fMRI 实验结果，对今后 ACT-R 模块可能提出了新的问题。研究结果表明，人脑进行加法计算时调用的脑区作用程度和强度相对减法计算较少，因此，进行加法计算的反应时较短且正确率较高，相关脑区激活的强度较弱且范围较小。fMRI 虽然具有较高的空间分辨率，但其时间分辨率较差；ACT-R 虽然能够从脑区内部说明认知加工过程且具有较高的时间分辨率，但其空间分辨率较差。本课题依据脑信息学系统方法学采用 ACT-R 结合 fMRI 方法对数字计算的人脑的神经机制进行系统研究，不仅丰富了三联体模型内容，且为人类智能和人工智能的研究提供了新的研究方法和手段。

## 第五章

# 不同情绪刺激下加减法计算的认知加工过程 ACT-R 建模与仿真

上一章研究没有进位和退位的二位数加减法计算实验任务，本章首次采用 ACT-R 建模的方法，在更细时间微粒上对对应脑区具体信息加工流程进行了探讨，根据研究结果说明了采用计算机建模的方式模拟和仿真人脑对应脑区进行认知加工过程的有效性。然而现实生活中，人们进行任何认知任务都不可能单纯、理想化地只存在认知任务，人们处理认知任务常常伴随有各种情绪的影响，然而目前相关研究者常常将认知和情绪分开进行研究，单纯采用行为实验或 fMRI 实验对认知假设和情绪偏向性研究较多，结合行为实验和 fMRI 实验系统、全面地对不同情绪刺激下认知任务对应脑区内部信息加工过程的研究较少，用计算机建模的方法研究情绪与认知交互关系的研究目前尚未发现。针对上述问题，本章进一步设计了不同情绪刺激下加减法计算的实验，采用计算机建模及 ACT-R 结合 fMRI 的方法对不同情绪刺激下加法计算和减法计算的信息加工过程分别建立认知假设模型。

## 5.1 引　言

一直以来，研究者认为认知和情绪是相互分离的独立系统，然而最近，大量的神经生物学和认知科学相关研究证明，认知与情绪之间的关系不是相互分离的，可能存在相互依赖。根据行为和神经科学的相关研究成果可知，研究者们一致认为有必要提出新的系统认知实验来研究情绪与认知之间的相互关系。本章分析近些年关于认知与情绪交互作用的发展心理学、神经科学和行为研究成果，认知与情绪的交互作用关系研究对人工智能与计算机科学领域的作用，同时，情感计算方面的研究对此应用也非常广泛。本章研究中采用 3 种情绪（即从国际情绪图片库中选取正性情绪刺激、中性情绪刺激、负性情绪刺激）× 2 种计算（没有进位和退位的加法计算和减法计算）任务的实验设计，对不同情绪刺激影响下加减法计算的影响进行研究。

首先介绍近期有关情绪与认知交互关系方面的相关研究，逐步深入到本章研究的相关实验设计、数据处理及相关研究结果。

情绪在认知加工过程中的作用：最近已有大量相关研究证明，情绪对认知具有一定的影响作用，同时，相关研究者还认为情绪可以导致认知加工过程的非理性甚至产生偏差 [32]。例如，当被试对问题表征形式处理时，会引导被试只对 40% 成功率的行为做选择，却不选择 60% 失败概率的行为 [14]。在对事物做价值判断时，情绪同样提供重要的信息，同时，情绪不仅对人们的思考方式起着关键作用，对人们看待事物的态度也起着同样至关重要的作用。然而，大量相关研究结果表明，情绪对人们行为的影响远远大于目前某种特定实验研究的结果。例如，研究者提出的心境一致性效应 [16] 证明，情绪不仅对人们对事物的记忆效果影响巨大，在人们回忆事物的过程中影响也非常大 [31]。同时，不仅记忆和回忆，情绪对人们进行决策选择及控制执行能力等方面的作用也非常明显 [88]。大量研究者认为，不同情绪刺激不仅竞争有限的控制资源，而且对加工容量也有竞争 [74]。

近期相关研究表明，视觉注意能够自动地导向显著情绪的刺激 [26]。同时，最近的很多相关研究结果均表明，相对于正性情绪刺激，负性情绪刺激在捕获注意方面更加有效。为了理解负性情绪刺激的影响作用，以往研究者以视觉标记作为实验设计对象，本研究结果表明，被试在负性情绪刺激下浏览网页的速度显著小于在正性情绪刺激下浏览网页的速度，导致这种结果的原因可能是负性情绪刺激的抑制作用，而正性情绪却起到促进的作用。我们还可以得出，在竞争有限的空间和资源时，如果将数字采用叠加的方式呈现在某一情绪刺激上面时，即使目标数字和设定的情绪刺激没有关系，但是其被编码的程度可能比单纯目标数字编码会更强 [28]。

然而，一些研究者也认为，人们在负性情绪刺激下的大脑认知受到抑制，但是正性情绪刺激下却比较高效 [60]。正性情绪可以使整个认知控制（包含从知觉到语义空间的各个方面）愉悦、轻松，还能够对选择性注意产生至关重要的影响 [19]。一些研究团队 [50] 提出了双竞争模型，该模型主要描述情绪对人们进行认知加工时的信息加工影响本质。此模型描述情绪刺激采用任务驱动和状态依赖两种形式，情绪对人们认知信息加工产生影响，在这两种情况下产生竞争，这种竞争都是在控制和知觉上发生[66]。同时，研究者发现，情绪对控制的影响主要体现在以下两个方面：第一，被强化的感知表征能够增强视觉注意的反应，由此注意就会对强化的感知表征进行提前处理；第二，情绪信息也有可能被直接送到大脑内部的神经当中，这些神经的主要作用是调节人们的行为。但是，这种现象在方式上和情绪刺激又有很大差异[50]。

工作记忆和控制之间也存在着很大的关联。工作记忆理论认为，人们的注意容量是一个有限的空间系统，可以对人们的记忆进行暂时的保存及一定时间的维持，同时主要是将长时记忆和知觉结合以维持人们的思维过程[31]。以往对工作记忆和情绪的研究结果表明，情绪和心情能够影响人们对事物的记忆[32]。Baddeley[39]总结了开心、幸福、愤怒、恐惧对人们记忆的影响，该研究认为不同情绪对人们的记忆影响不同。例如，开心和幸福本质上是一种正性情绪，情景缓冲器能够进一步深加工正性情绪，这样会导致记忆空间的信息加工容量进一步减少。所以，Baddeley对该模型做了改进，可以通过情绪探测器和情景缓冲器对人们记忆产生的影响进行描述。钟宁教授提出的脑信息学系统方法学研究总体架构如图5–1所示。

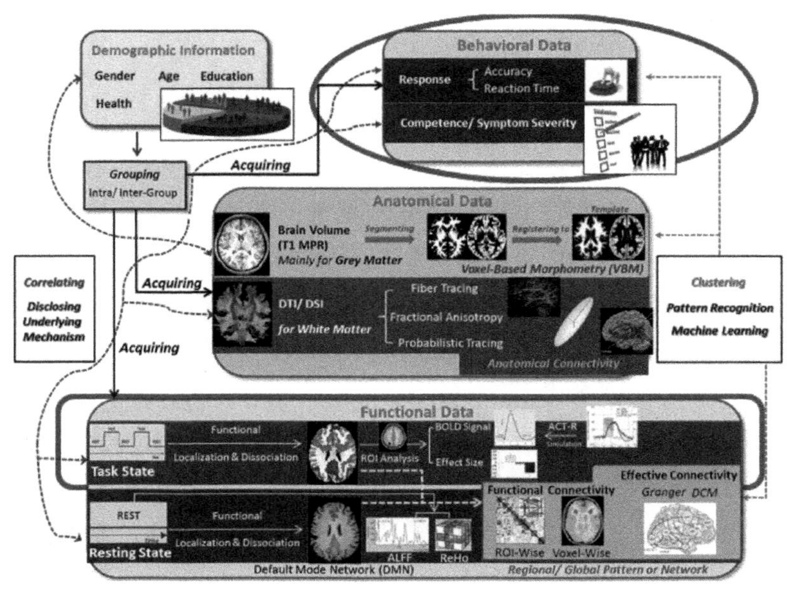


图5–1　总体研究思路[108]

认知对情绪的作用：Lazarus[41] 认为，情绪功能和认知功能是双向关系，不管哪个作为因变量，哪个作为自变量，情绪都是指人们对周围刺激相对于自己本身而言的评估。Lazarus 还认为，情绪是一种反应，该反应是由人们进行认知活动时引起的，换言之，也是对人们进行认知的信息加工过程的解释，而且是对人们进行认知的信息加工的反应进行解释。由此认为情绪和认知之间互为充要条件[41]。最近，许多研究成果支持了 Lazarus 的观点。注意等认知加工过程对情绪产生的影响。如上所述，情绪对人们进行认知的信息加工过程是有影响的。从另一角度来看，人们的认知行为对人们的情绪又有反向影响，这种反作用在目前的研究中已被发现[41]。

## 5.2 材料与方法

### 5.2.1 被试

本章采用 28 个被试（男 16 名，年龄 18 ～ 28 岁）数据进行分析，所有被试均是北京工业大学在校学生。所有被试均参加不同情绪刺激下加减法计算设定实验任务的 fMRI 扫描，静息态时被试会被告知放松、闭眼休息。

### 5.2.2 数据采集

本章的数据采集流程及设备参数设置和 4.1.4 一致。

### 5.2.3 数据预处理

本章对原始数据的预处理所利用的软件及操作流程均和 4.1.5 一致。

## 5.3 实验设计与 ACT-R 建模

### 5.3.1 实验设计

（1）实验目的

行为实验的目的在于获取被试在不同情绪刺激下加法计算的行为数据，包括在正性、中性、负性情绪刺激下加减法计算的正确率（ACC）和反应时（RT）。

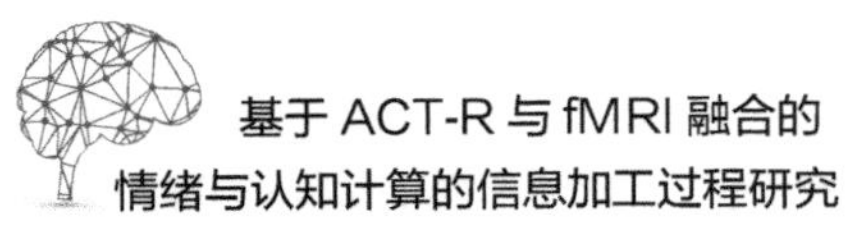


（2）实验程序

本章实验程序如下：①在正式实验之前，被试先进行模拟训练，目的是熟悉做题过程以达到有效的正确率；②被试被安排正式实验，通过电脑显示屏看到一个情绪刺激图片，接着看到一道计算等式，并判断等式正误，正确按左键，错误按右键。本实验共收集到 28 个健康被试的行为数据。

简单四则运算自然配对，最简单、最常用并具有一定相关，一位数的乘法与加法容易从知识库中直接提取[19]，除法运算与有进位的加法比较复杂，有一定困难[20]，因而本研究选择没有进位的二位数加法计算等式作为实验范式，为了考察不同情绪刺激下加法计算认知加工过程的差异，在加法计算等式出现前增加了正性、中性、负性情绪图片刺激。以正性情绪刺激为例的实验设计如图 5–2 所示，被试只需要在情绪图片刺激下对没有进位的二位数加法进行计算并得出计算结果，同时对屏幕显示的等式正误进行判断，结果正确按下左键，错误按右键。

任务中设计 3 个刺激的组块，分别为正性情绪刺激下加法 18 个任务，中性情绪刺激下加法 18 个任务，负性情绪刺激下加法 18 个任务，3 种情绪刺激下减法计算任务设计亦如此。以正性情绪刺激下加法为例，在等式出现之前呈现一个正性情绪图片，图片与等式交替呈现，每个图片呈现 2 s，接着呈现一个加法等式，等式呈现时间为 4 s，如图 5–2 所示。

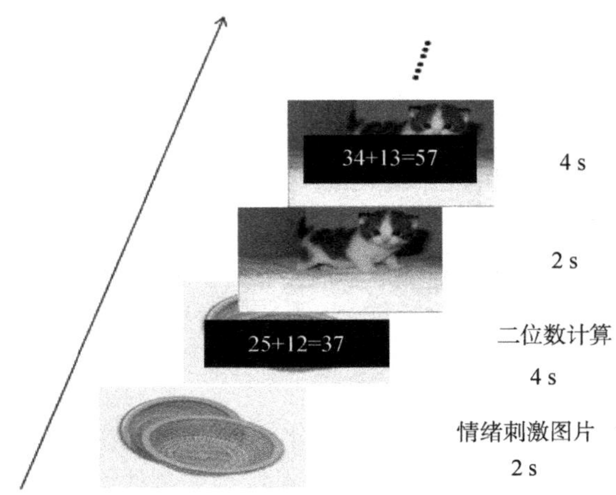


**图 5–2　行为实验程序**

### 5.3.2 ACT-R 建模

ACT-R 对特定任务进行建模的步骤：①对任务对象进行分析，提出特定认知任务的处理过程假设；②对程序性知识和陈述性知识进行定义；③依据行为结果提出认知假设模型，对模型参数做调整；④模拟数据和真实数据进行对比和分析，并判断认知假设模型的合理性。

任务分析是对被试在不同情绪图片刺激影响下进行加减法计算的过程进行详细分解[13-14]，依据行为实验结果、事后问卷调查表提出对应算术计算的认知假设模型，如图 5–3 所示。

在进行加法计算任务前，首先确定是正性、中性，还是负性情绪刺激，然后在此情绪影响下进行加法计算，并得出结果，最后判断图片显示的计算等式正确与否。通过行为实验数据的统计结果表明，被试在正性情绪刺激下加法计算的正确率高于中性情绪刺激下加法计算，中性情绪刺激下加法计算的正确率高于负性情绪刺激下加法计算；反应时方面：正性情绪刺激下加法计算的反应时少于中性情绪刺激下加法计算，中性情绪刺激下加法计算的反应时少于负性情绪刺激下加法计算。任务分析要解决的问题就是要找出这种结果的原因。根据对情绪影响下认知计算的研究结果，正性情绪促进人类高级认知计算，负性情绪抑制高级认知计算，我们称此结论为情绪主效应。通过分析发现，这个结论同样适用于不同情绪刺激影响下加法（本研究主要是研究不同情绪刺激下加法计算和减法计算的高级认知信息加工过程的建模与仿真，以加法作为举例，因为加法计算和减法计算的每个模块设置、事件设置、情绪刺激模式均相同，因此没有重复将减法的范式及刺激顺序列图标识）计算任务。不同情绪刺激下减法计算主要在陈述性记忆提取速度和信息处理过程不同。例如，相对于中性情绪刺激下加法计算：在正性情绪刺激下，被试在看到图片后感到心情愉悦和舒服，对接下来的减法计算过程及结果判断有促进作用；在看到负性情绪刺激图片时会感觉到心情难过或者反感，对接下来的减法计算过程及结果判断有抑制作用。行为实验结果也说明了这一点。因此，突出显示正性情绪图片刺激更有利于认知计算及等式判断，人在心情愉悦及开心时，有利于视觉的选择性注意寻找目标[14]，当人们心情愉悦及开心的时候，大脑当中有一个目标，视觉对目标定位的速度较快[15]。根据以上分析，提出如下假设：被试在不同情绪刺激下进行减法计算及对结果进行判断，正性情绪刺激可以使被试在进行计算及判断前心情轻松愉悦，有利于快速定位及对运算结果判断，负性情绪刺激对被试进行定位及运算结果判断作用相反。除了行为实验中不同情绪刺激下减法计算的行为数据正确率和反应时差异为此假设提供依据之外，陈述性记忆提取模块和映像表征模块的协同工作机制，同样为本课题提出的认知计算模型假设提供依据[17]。依据以上假设，模拟了被试在不同情绪图片刺激下减法计算的信息加工过程（图 5–4）。

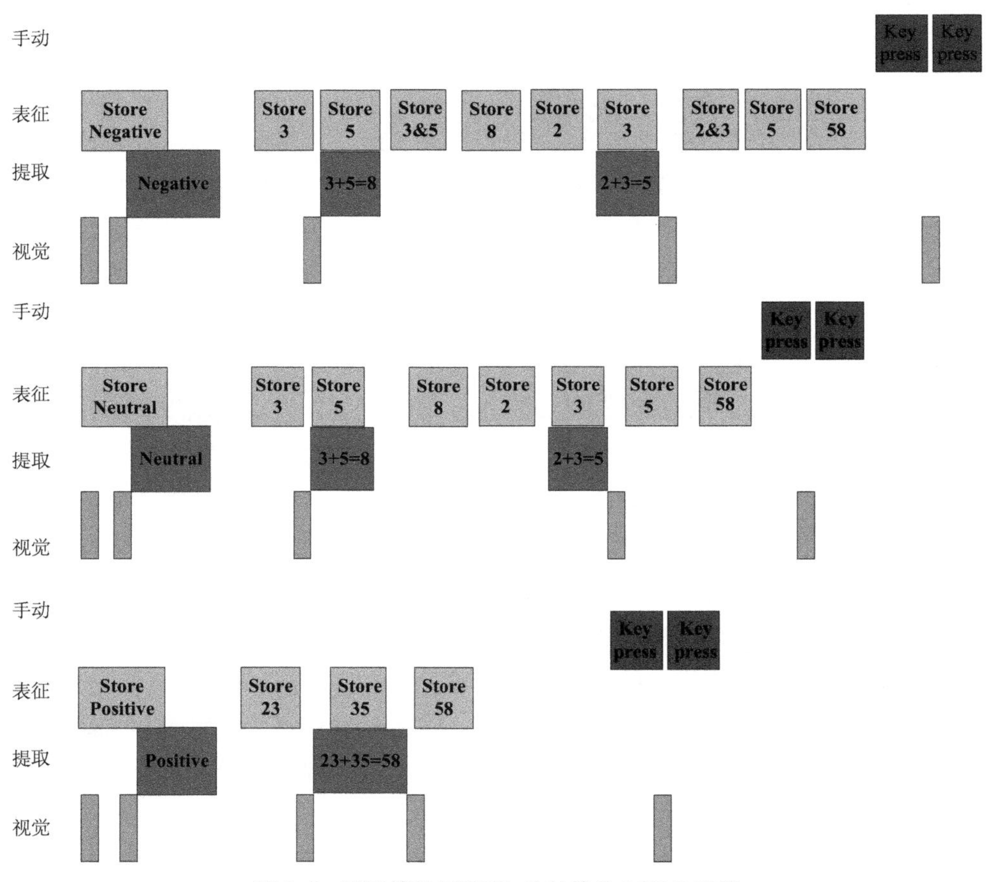


图 5–3　不同情绪刺激下加法计算的 ACT-R 建模

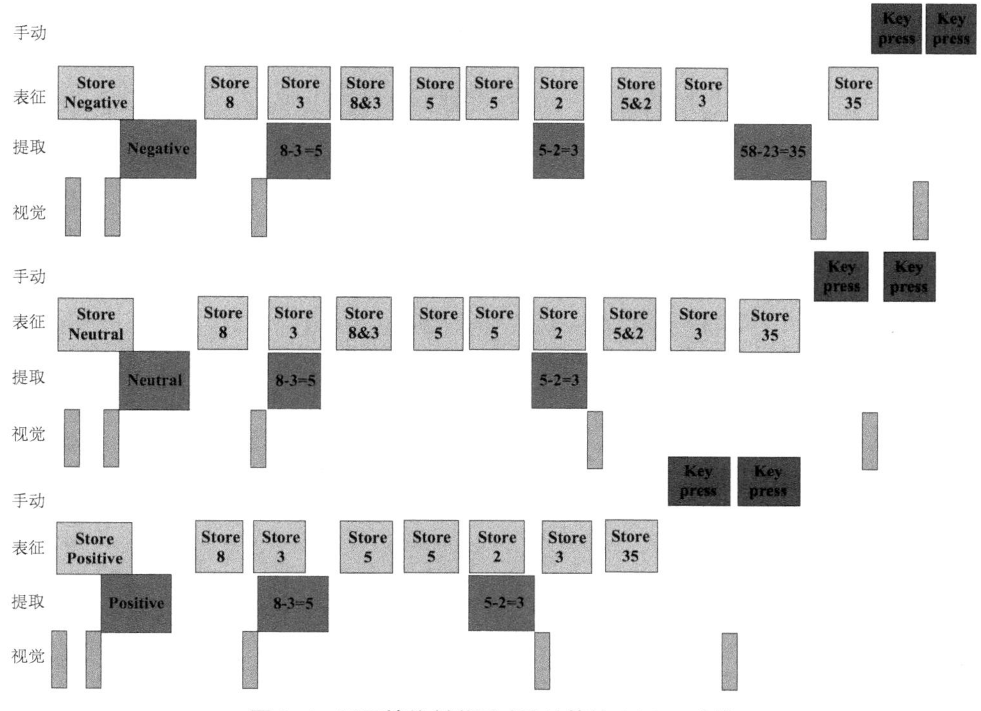


图 5–4　不同情绪刺激下减法计算的 ACT-R 建模

# 5.4　实验结果

## 5.4.1　行为实验结果

基于以上理论假设，建立了不同情绪刺激下加减法计算的认知模型，并在 ACT-R 6.0 软件平台上进行仿真实验。文献 [120] 有关 ACT-R 扩展模型的思想是本课题假设模型的理论依据。以中性情绪刺激下加法计算为基线，根据正性情绪刺激对认知加工过程有促进作用，负性情绪刺激对认知加工过程有抑制作用，通过调整加数、被加数及加法在特定脑区呈现时间间接体现对应脑区工作负荷程度。目标状态更改为寻找被加数的个位数字并编译；接下来，目标状态更改为寻找加数的个位数字并编译；再接下来，目标状态更改为寻找加法识别并编译；同样重复个位数加法过程得到十位数加法求和并编译；将个位数与十位数的求和结果进行组合，并与真实结果进行对比判断；最后按键判断正误。不同情绪刺激下减法计算假设模型和不同情绪刺激下加法计算模型。

在正性情绪刺激下加法计算的正确率为 94.2%，反应时为（2052 ± 503）ms；中性情绪刺激下加法计算的正确率为 93.6%，反应时为（2058 ± 478）ms；负性情绪刺激下加法计算的正确率为 91.7%，反应时为（2179 ± 562）ms；正性情绪刺激下减法计算正确率 92.7%，中性情绪刺激下为 92.1%，负性情绪刺激下为 90.0%；正性情绪刺激下减法计算反应时（2194 ± 578）ms，中性情绪刺激下为（2256 ± 608）ms，负性情绪刺激下为（2362 ± 563）ms，如表 5–1 和表 5–2 所示。

**表 5–1　不同情绪刺激下加法计算的正确率与反应时**

| | 正性情绪 | 中性情绪 | 负性情绪 |
|---|---|---|---|
| 正确率 /% | 94.2 | 93.6 | 91.7 |
| 反应时 /ms | 2052 ± 503 | 2058 ± 478 | 2179 ± 562 |

**表 5–2　不同情绪刺激下减法计算的正确率与反应时**

| | 正性情绪 | 中性情绪 | 负性情绪 |
|---|---|---|---|
| 正确率 /% | 92.7 | 92.1 | 90.0 |
| 反应时 /ms | 2194 ± 578 | 2256 ± 608 | 2362 ± 563 |

认知计算模型仿真的真正目的是正确理解并合理解释人脑进行认知任务加工的过程，接近真实认知计算加工过程的程度是判断一个认知计算模型成功与否的标准。

结论：

①不同情绪刺激下相同认知计算的行为实验与 ACT-R 仿真实验结果支持了情绪注意偏向理论。

②同种情绪刺激下不同认知计算的行为实验与 ACT-R 仿真实验结果进一步验证了数字计算的三联体模型。

③不同情绪刺激下不同认知计算的行为实验与 ACT-R 仿真实验结果进一步证明了情绪与认知交互作用理论。为进一步研究情绪与认知相互关系提供了新的方法，为人工智能的进一步完善提供了新的手段和方向。

### 5.4.2 ACT-R 实验结果

假设模型对反应时（加法计算和减法计算）的预测结果如表 5–3 和表 5–4 所示。设置的行为数据评估参数：陈述性记忆提取时间设置为 0.4 s，映像表征模块时间参数设置为 0.2 s。数据的偏差说明模型做了统一的预测。由此可知，对行为数据建立的假设模型具有合理性。

**表 5–3　不同情绪刺激下加法计算反应时的模拟数据与真实数据**

单位：ms

| | 正性情绪 | 中性情绪 | 负性情绪 |
|---|---|---|---|
| 模拟数据 | 2040 | 2106 | 2264 |
| 真实数据 | 2052 | 2058 | 2179 |

**表 5–4　不同情绪刺激下减法计算反应时的模拟数据与真实数据**

单位：ms

| | 正性情绪 | 中性情绪 | 负性情绪 |
|---|---|---|---|
| 模拟数据 | 2201 | 2263 | 2358 |
| 真实数据 | 2194 | 2256 | 2362 |

我们设置 $a$=1.8，$s$=1.8 s。一旦缓冲器的时间参数设置好，我们可以通过调整 BOLD 响应的 $m$ 级参数对每个脑区的 BOLD 信号变化率进行预测 [59-61]。

本研究的主要目的是找到不同情绪刺激下加法计算与减法计算认知策略的神经机制差异，实验结果与仿真结果显示，加法计算任务采用提取策略，减法计算采用混合策略。相关研究的确定性分型和探索性分析表明 DLPFC（L > R），两种计算任务有共同的激活脑区 PPC，但激活的强度不同。同时发现，在减法计算时有激活但在加法计算时没有激活的脑区包含 DMPFC 和 VLPFC [16]。这些结果说明，策略的某些行为特征可能可以从功能数据中发现。我们构建计算假设模型来仿真与被试的行为数据尽可能接近的模拟行为数据。不同情绪刺激下加法计算在 LPFC 和 PPC 脑区 BOLD 效应拟合结果如图 5–5 和图 5–6 所示；不同情绪刺激下减法计算在 LPFC 和 PPC 脑区 BOLD 效应拟合结果如图 5–7 和图 5–8 所示。

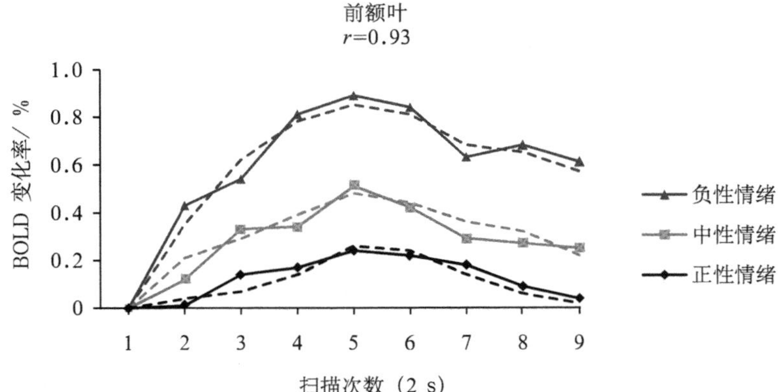


图 5-5　不同情绪刺激下加法计算在前额叶脑区 BOLD 效应拟合

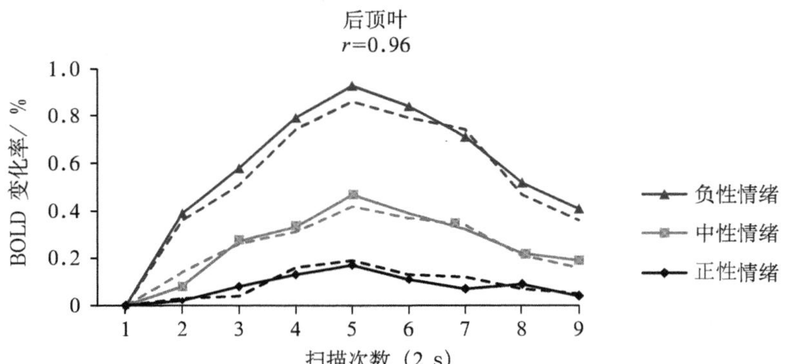


图 5-6　不同情绪刺激下加法计算在后顶叶脑区 BOLD 效应拟合

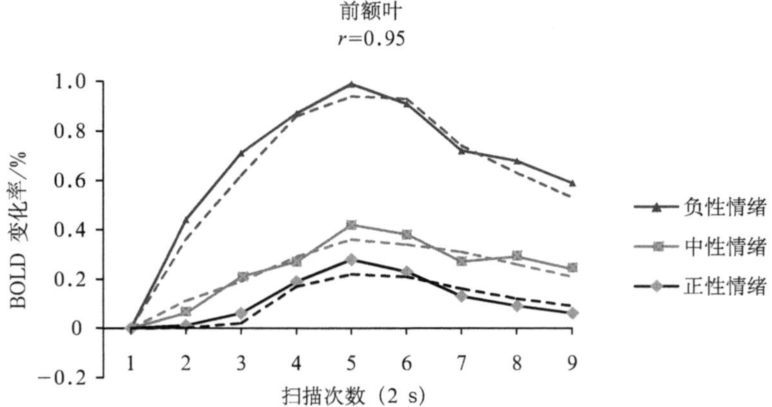


图 5-7　不同情绪刺激下减法计算在前额叶脑区 BOLD 效应拟合

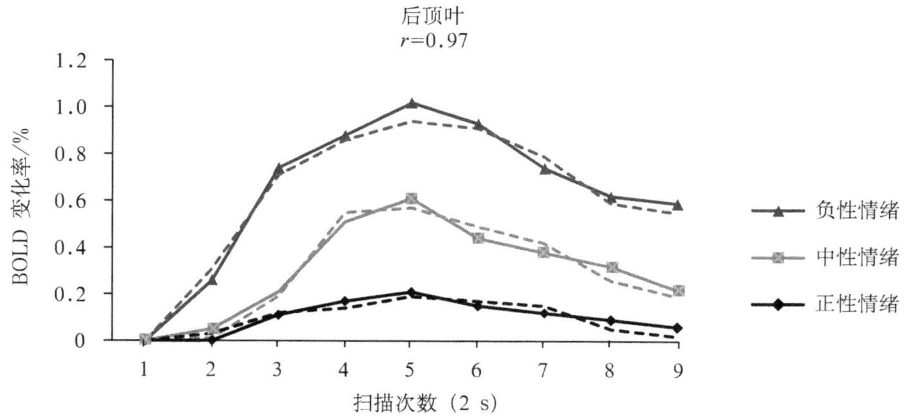


**图 5–8　不同情绪刺激下减法计算在后顶叶脑区 BOLD 效应拟合**

本研究结果也说明，进行减法计算时左侧 DLPFC 和双边 PPC 激活强度显著高于加法计算（减法计算对应脑区的 BOLD 数据显著大于加法计算）。这些结果也已被我们团队最近关于算术计算的 fMRI 所证实 [108]，与先前有关算术运算的研究结果一致 [20, 29]。这说明对算术计算而言，这两个脑区是主要激活脑区。进行方程求解时，左侧 DLPFC 激活程度相对减小 [3]。有的研究结果显示，DLPFC 激活呈现右侧化 [4]，但是有的研究及本研究结果显示左侧化 [16]，结果差异可能是由于实验设计内容不同（加减计算，解方程式）。算术计算是人工智能的一个重要研究领域 [11]，被广泛应用于人工智能领域。我们将当前研究结果结合先前有关人工智能任务的神经影像学研究结果进行对比，发现采用独立策略时前额叶区域有激活，这与以往相关的 fMRI 实验研究结果相一致 [30-33]，同时也得到了新的有关人工智能理论 P-FIT 的支持 [34]。

关于 DLPFC 和 PPC 的功能作用有不同的解释。在算术计算领域左侧 DLPFC 与假设的评估与产生的过程相关 [3]，额顶叶网络与算术计算策略有关 [16]。文献 [17] 认为双边海马体与算术计算采用的策略有关，右侧框体皮层与任务的难易程度有关。先前的研究被解释为异常刺激的语义编码，然后进行假设选择。DLPFC（L ＜ R）与双边 PPC 被认为是认知计算的加工过程基线而非功能作用。同时在智能领域，PPC 与特征、抽象、阐述解释相关，DLPFC 及额叶脑区与测试假设相关 [34]。对不同领域不同内容有不同的解释也很正常。

在本研究中，我们在计算假设模型的帮助下对加减法计算对应脑区具体加工过程做了更加合理的解释，有关 ACT-R 模块对应的 DLPFC 与 PPC 脑区在探索性分析中已做了详细的解释，因此推断，左侧 DLPFC 与语义 / 知识的记忆性提取有关，PPC 与问题状态的心理表征相关[21, 35]。尽管混合策略与提取策略在左侧 DLPFC 与双边 PPC 都有激活，但是，这些区域的激活程度可以区分不同策略。相对于提取策略，混合策略对工作记忆的激活更大（提取与状态保持需求更多）。ACT-R 模型非常适合预测、解释行为实验数据与功能影像数据结果，对结果的具体加工过程解释更加合理。

当前研究结果可能还说明，算术计算理论更适合解释认知架构的潜在推理。本研究及先前研究结果显示 DLPFC 与 PPC 在算术计算中有重要作用，有关算术计算的其他研究[26]额顶叶区域有共同的激活。本研究同样支持了双处理理论的认知假设，该理论预测算术计算需要依赖认知需求的不同神经系统。本研究发现，越困难的任务（混合策略的减法计算）在 VLPFC 与 DMPFC 脑区的激活程度越强、激活范围越大。该结果同样进一步支持了算术计算的双加工处理理论。ACT-R 更适合预测被试的行为数据与功能映像数据，是一个通用认知理论。这说明认知架构更适合解释实验结果。双加工理论已经被以往实验所验证[37]。

总之，ACT-R 建模与仿真进一步验证了行为实验与 BOLD 信号数据结果，仿真结果进一步表明了假设模型的合理性与有效性。为研究人类不同认知任务的神经机制提供了一个新的方法，为今后复杂或者数据采集困难的认知任务的解释和验证提供了理论基础。

## 5.5 本章小结

本章设计了正性、中性、负性情绪刺激下加减法运算的 fMRI 实验，考察了不同情绪刺激下加法计算之间的行为和神经机制差异、不同情绪刺激下减法计算之间的行为和神经机制差异，以及对应相同情绪刺激下加法计算和减法计算之间的行为和神经机制差异。由于正性情绪可以使人们的心情轻松、愉悦，对解决认知任务具有促进作用，相反，负性情绪对人们的精神冲击较大，对解决认知任务具有抑制作用。本章以中性情绪刺激下的加法计算和减法计算为基线，分别建立了正性情绪刺激、中性情绪刺激和负性情绪刺激下的认知计算假设模型，通过调整相应的参数（指数参数与时间参数）使模拟反应时与真实反应时数据有效拟合，模拟 BOLD 信号变化率与真实 BOLD 信号变化率有效拟合。不仅从数据上验证了假设模型的合理性与有效性，而且从模块交互作用上对假设模型的合理性有了逻辑上的解释。本章首次提出了不同情绪刺激下加减法计算的实验设计，为情绪和认知之间相互关系的研究提供了新的研究内容，采用脑信息学系统方法学原理中的 ACT-R 结合 fMRI 方法，从更细时间微粒上解释和验证了行为结果和 fMRI 结果的有效性，为今后较难获取相关数据的研究背景下提供了新的计算机建模方法。

第六章

# 抑郁症患者在不同情绪刺激下加法计算加工过程建模

上一章对不同情绪刺激下加减法计算任务进行了系统的研究，首次结合行为实验、fMRI 实验及计算机建模的综合方法，对情绪与认知之间的相互作用关系建立了假设模型，并成功对行为结果和 fMRI BOLD 信号变化率结果有效拟合。抑郁症研究越来越受到医学、心理学、认知科学、计算机科学的重视，但查阅相关文献得知，抑郁症患者在不同情绪刺激下进行认知任务与正常对照组在神经机制方面的研究目前尚不清楚。通过对相关文献调查及本课题的相关研究结果可知，正性情绪刺激下加法计算和负性情绪刺激下加法计算之间脑区激活程度引起的行为结果和 fMRI 结果存在一定的差异，但它们的加工过程类似且具有相同的规则。由于抑郁症患者本身存在正性情绪偏离和负性情绪偏向，同时还有认知功能障碍，因此本章综合以上特点，采用第五章实验设计，分别采集抑郁症患者和正常对照组的实验数据。本章主要采用 ACT-R 建模与仿真的方法，分别对抑郁症患者在不同情绪刺激下加法计算及正常对照组在不同情绪刺激下加法计算任务建立假设模型，从计算机理论角度研究抑郁症患者的情绪和认知功能障碍，可能为研究抑郁症患者的情绪功能障碍和认知功能障碍提供新的研究视角和研究手段。

## 6.1 引　言

（1）抑郁症情绪加工的自下而上特点和脑神经机制

近年来，对抑郁症的情绪加工及其神经机制方面的研究较多，一般认为抑郁症的情绪加工是自下而上的，大部分研究一直认为对梭状回和杏仁核脑区的关注较多。相关研究者一直认为，抑郁症的这种特性与梭状回和杏仁核等脑区相关。

Matthews 等 [121] 通过对抑郁症患者和正常人完成情绪面孔匹配任务发现，抑郁症患者完成匹配的反应时比正常人长，正确率低于正常人，这表明抑郁症患者完成情绪刺激下认知任务存在障碍。

（2）抑郁症认知控制的自上而下特点及脑机制

Bremner 等 [125] 让被试者排除干扰信息的同时记住目标字母及对听过的内容进行回忆。实验结果表明，在该实验中抑郁症患者的海马和前扣带回等脑区有不同程度的激活。Siegle 等 [126] 要求被试完成需要有注意控制参与的数字分类任务。该研究结果也同样证明，抑郁症患者的背外侧前额叶皮层激活显著下降。

尽管一些研究 [128-131] 认为，抑郁症患者在处理认知控制任务时，前扣带回、背外侧前额皮层等相关脑区出现不同程度的过度激活，而前额叶和后顶叶脑区最显著。大部分研究者依然认为认知控制功能缺陷依然是主要原因。

本章综合情绪、认知、抑郁症以往相关研究成果及本研究团队以往研究结果，依据 ACT-R 模块协同工作及扩展原理 [59-61]，分别建立了抑郁症患者和正常对照组完成不同情绪刺激下加法计算任务的信息加工过程的认知假设模型。

## 6.2 材料与方法

### 6.2.1 被试

抑郁症患者：23 名（男 15 名，年龄（32.76 ± 1.48）岁，受教育程度（10.37 ± 0.62）年）来自首都医科大学附属安定医院门诊的抑郁者患者，所有被试均符合中国精神障碍分类与诊断标准第 3 版（CCMD–3），入组标准：年龄在 18 ～ 65 岁，右利手，MINI 量表得分＞ 18 分，无酒精滥用史，无其他神经或精神类疾病，体内无金属。

正常对照组：本课题组选择对照组标准主要在年龄、性别、受教育程度上与抑郁症患者组匹配原则，共采集到来自学校、企业及周边社区的 23 名正常对照组实验数据，被试基本信息如表 6–1 所示。

表 6-1 抑郁症患者和正常对照组的人口统计学信息

| 性别（男 / 女） | 正常对照组 | 抑郁症患者 |
|---|---|---|
| | 15/8 | 15/8 |
| 年龄 / 岁 | 31.72 ± 2.63 | 32.76 ± 1.48 |
| 受教育程度 / 年 | 9.88 ± 1.58 | 10.37 ± 0.62 |

### 6.2.2 刺激呈现及实验流程

实验程序在 E-prime 2.0（Psychological Software Tools，Inc.，Sharpsburg，PA，USA）软件平台上编译和运行。刺激内容通过与 MRI 设备相连的显示器呈现给被试，被试每只手握一个按键盒，当被试按下按键的同时，被试的反应时和正确率就被自动记录。实验开始前，被试需进行实验前练习，练习的内容呈现方式和次序类似于正式实验。

采用不同情绪刺激下加法计算任务为研究对象，正常对照组在正性情绪刺激下加法计算记为 CPA，正常对照组在中性情绪刺激下加法计算记为 CNtA，正常对照组在负性情绪刺激下加法计算记为 CNA；抑郁症患者在正性情绪刺激下加法计算记为 MPA，抑郁症患者在中性情绪刺激下加法计算记为 MNtA，抑郁症患者在负性情绪刺激下加法计算记为 MNA。

### 6.2.3 数据采集

详见第四章 4.1.4，数据采集流程、使用设备、设备参数设置均一致。

### 6.2.4 数据预处理

详见第四章 4.1.5，预处理采用软件及预处理流程和方法均一致。

## 6.3 实验目的与 ACT-R 建模

### 6.3.1 实验目的

行为实验的目的在于获取被试在不同情绪刺激下加法计算的行为数据，包括在正性、中性、负性情绪刺激下加法计算的正确率（ACC）和反应时（RT）。

本实验共包含 18 个组块，每个组块包含 3 个事件，每个事件包含一个持续 2 s 的情绪刺激图片和一个加法计算等式，图片和等式交替呈现，整个实验共持续 486 s，详细设计如表 6–2 和图 6–1 所示。

表 6–2　实验任务实例

| | 任务 | 选项 | | 答案 |
|---|---|---|---|---|
| 正性情绪 | 12+14=26 | A 正确 | B 错误 | A |
| 中性情绪 | 13+15=38 | A 正确 | B 错误 | B |
| 负性情绪 | 14+13=27 | A 正确 | B 错误 | A |

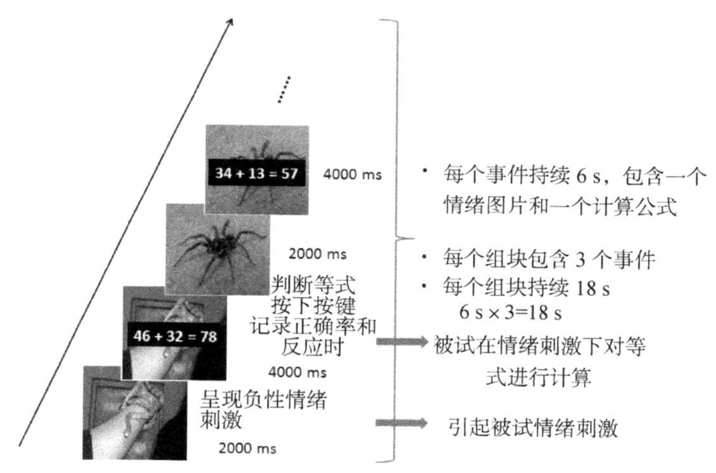


图 6–1　刺激呈现示例

## 6.3.2　ACT-R 建模

有关加减法计算和情绪刺激下加减法计算的认知机制，在以上两章已经做了探讨，为了进一步符合社会现实，本章对抑郁症患者和正常对照组在不同情绪下加减法计算的认知任务重新做对比和分析。

通过调研抑郁症的情绪功能障碍和认知功能障碍的相关研究可知，相对于正常对照组，抑郁症患者在正性情绪刺激下的加法计算的反应时更长，且正确率也比较低；在抑郁症患者组内部，由于抑郁症患者的正性情绪偏离和负性情绪偏向可知，抑郁症患者在负性情绪刺激下进行认知任务具有滞留现象，因此，抑郁症患者在负性情绪刺激下加法计算的反应时比正性情绪刺激下长，且正确率低。它们的相同之处在于，认知加工的陈述性记忆提取策略相同；不同的是同种情绪刺激下，抑郁症患者对认知任务刺激更加滞后，且运算迟缓，主要体现在对数字提取及心算的过程。抑郁症患者的情绪加工是自下而上的方式，而抑郁症患者的认知加工则是自上而下的方式。根据有关抑郁症情绪和认知方面的研究成果，结合本研究团队发现的行为和 fMRI 实验结果，本章依然重点关注 DLPFC 和 PPC 脑区进行研究和分析。根据本章引言分析及本实验的行为和 fMRI 实验结果，分别对抑郁症患者和正常对照组在不同情绪刺激下进行加法计算任务提出相应的假设模型如图 6–2 和图 6–3 所示。

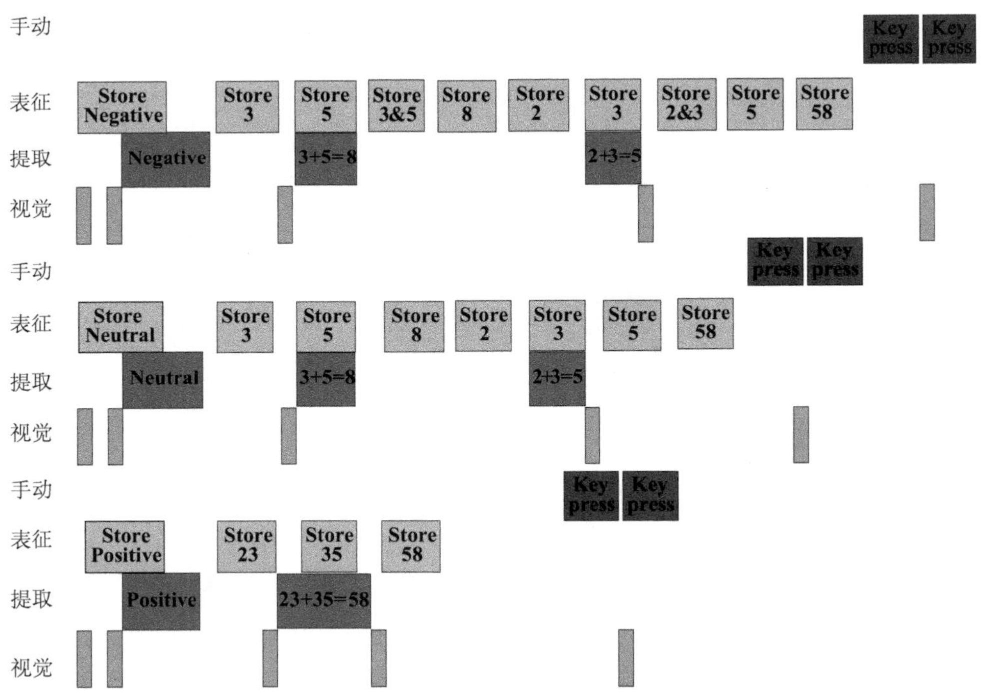


图 6–2　正常对照组完成不同情绪刺激下加法计算的 ACT-R 信息处理过程

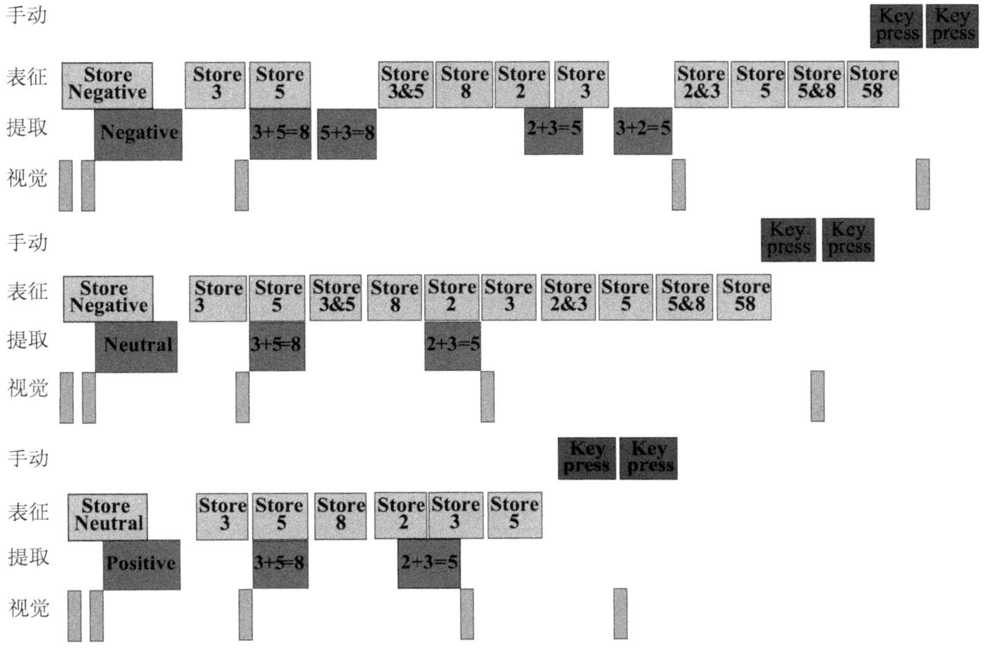


图 6–3　抑郁症患者完成不同情绪刺激下加法计算的 ACT-R 信息处理过程

# 6.4　实验结果

## 6.4.1　行为实验结果

基于以上理论假设，分别建立了正常对照组和抑郁症患者在不同情绪刺激下加法计算的认知模型，并且在ACT-R 6.0软件平台上进行仿真实验。文献[11-12]有关 ACT-R 扩展模型的思想是本文假设模型的理论依据。以中性情绪刺激下加法计算为基线，根据正性情绪刺激对认知加工过程有促进作用，负性情绪刺激对认知加工过程有抑制作用，通过调整加数、被加数及运算符号在特定脑区呈现时间间接体现对应脑区工作负荷程度。首先，目标状态是寻找情绪刺激图片，视觉模块在此目标驱动下执行搜索任务，通过全局寻找找到了目标情绪刺激图片并进行编译；然后，目标状态更改为寻找被加数的个位数字并编译；接下来，目标状态更改为寻找加数的个位数字并编译；再接下来，目标状态更改为寻找加法识别并编译；同样重复个位数加法过程得到十位数加法求和并编译；将个位数与十位数的求和结果进行组合并与真实结果进行对比判断；最后进行按键，不同情绪刺激下减法计算假设模型如不同情绪刺激下加法计算模型。

实验结果统一取答题正确率大于 50% 的被试数据进行统计分析，分别统计 23 个正常对照组与 23 个正常对照组答题的结果。正常对照组：在正性情绪刺激下加法计算的正确率为 96%，反应时为（1861 ± 372.36）ms；中性情绪刺激下加法计算的正确率为 95%，反应时为（2092 ± 719.61）ms；负性情绪刺激下加法计算的正确率为 89%，反应时为（2283 ± 928.05）ms；抑郁症患者：正性情绪刺激下加法计算的正确率为 91%，中性情绪刺激下为 89%，负性情绪刺激下为 86%；正性情绪刺激下加法计算的反应时为（2348 ± 569.42）ms，中性情绪刺激下为（2481 ± 983.08）ms，负性情绪刺激下为（2704 ± 762.42）ms。具体如表 6–3 和表 6–4 所示。

表 6–3　正常对照组的行为实验结果

| | 正性情绪 | 中性情绪 | 负性情绪 |
|---|---|---|---|
| 正确率 /% | 96 | 95 | 89 |
| 反应时 /ms | 1861 ± 372.36 | 2092 ± 719.61 | 2283 ± 928.05 |

表 6–4　抑郁症患者的行为实验结果

| | 正性情绪 | 中性情绪 | 负性情绪 |
|---|---|---|---|
| 正确率 /% | 91 | 89 | 86 |
| 反应时 /ms | 2348 ± 569.42 | 2481 ± 983.08 | 2704 ± 762.42 |

### 6.4.2　ACT-R 实验结果

认知计算模型仿真的真正目的是为了正确理解并合理解释人脑进行认知任务加工的过程，接近真实认知计算加工过程的程度是判断一个认知计算模型成功与否的标准。一个正确的模型不仅体现在假设模型仿真结果与真实数据结果尽可能地接近，更重要的是能够对模型进行合理解释。基于不同情绪刺激下加法计算的认知模型在反应时间上与实验的真实反应时很接近，从而在数据有效性方面验证了模型假设的合理性；同时，模型输出的认知计算信息加工过程序列模块协同加工过程与分析过程一致，因此，在逻辑上得到了合理解释。

结论：

①不同情绪刺激下相同认知计算的行为实验与 ACT-R 仿真实验结果支持了情绪注意偏向理论。

②同种情绪刺激下抑郁症患者和正常对照组在认知计算的行为实验与 ACT-R 仿真实验结果进一步验证了数字计算的三联体模型。

③抑郁症患者和正常对照组在认知计算的行为实验与 ACT-R 仿真实验结果进一步证明了情绪与认知交互作用理论。为进一步研究情绪与认知相互关系提供了新的方法，为人工智能的进一步完善提供了新的手段和方向。

假设模型对反应时的预测结果如表 6–7 和表 6–8 所示。设置的行为数据评估参数：陈述性记忆提取时间设置为 0.4 s，映像表征模块时间参数设置为 0.2 s。数据的偏差说明模型做了统一的预测。由此可知，对行为数据建立的假设模型具有合理性。

分别设置相应参数如表 6–5 和 6–6 所示。一旦缓冲器的时间参数设置好，我们可以通过调整 BOLD 响应的 *m* 级参数对每个脑区的 BOLD 信号变化率进行预测 [15, 29]，对反应时的 ACT-R 模拟结果如表 6–7 和表 6–8 所示。

正常对照组完成不同情绪刺激下加法计算在前额叶与后顶叶脑区 BOLD 信号拟合结果如图 6–4 和图 6–5 所示；抑郁症患者完成不同情绪刺激下加法计算在前额叶与后顶叶脑区 BOLD 信号拟合结果如图 6–6 和图 6–7 所示。

**表 6–5　正常对照组的 BOLD 预测函数参数设置**

| | 表征 | 提取 |
|---|---|---|
| 指数（$\alpha$） | 1.8 | 1.8 |
| 级数（$s$） | 1.8 | 1.8 |
| 量级 | | |
| $M\Gamma$（$\alpha$+1） | 5.96 | 3.57 |
| 拟合系数（$r$） | 96 | 93 |

**表 6–6　抑郁症患者的 BOLD 预测函数参数设置**

| | 表征 | 提取 |
|---|---|---|
| 指数（$\alpha$） | 2.1 | 2.1 |

续表

| | 表征 | 提取 |
|---|---|---|
| 级数（$s$） | 2.1 | 2.1 |
| 量级 | | |
| $M\Gamma$（$\alpha$+1） | 6.24 | 4.92 |
| 拟合系数（$r$） | 97 | 94 |

**表 6–7　正常对照组在不同情绪刺激下加法计算反应时的模拟数据与真实数据**

单位：ms

| | 正性情绪 | 中性情绪 | 负性情绪 |
|---|---|---|---|
| 模拟数据 | 1805 | 2055 | 2305 |
| 真实数据 | 1861 | 2092 | 2283 |

**表 6–8　抑郁症患者在不同情绪刺激下加法计算反应时的模拟数据与真实数据**

单位：ms

| | 正性情绪 | 中性情绪 | 负性情绪 |
|---|---|---|---|
| 模拟数据 | 2305 | 2555 | 2870 |
| 真实数据 | 2348 | 2481 | 2704 |

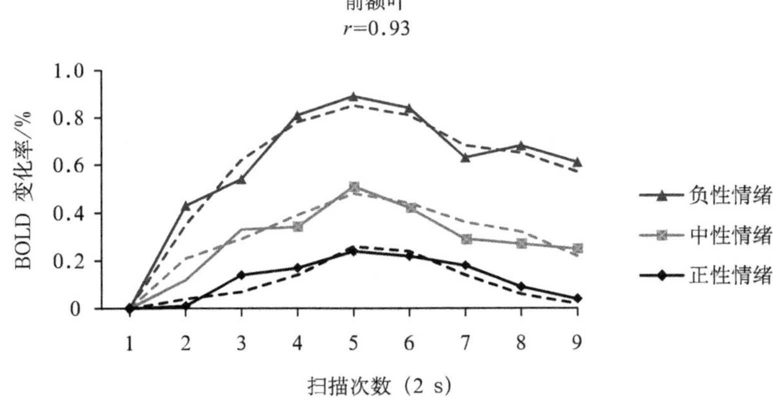


**图 6–4　正常对照组不同情绪刺激下加法计算在前额叶脑区 BOLD 效应拟合**

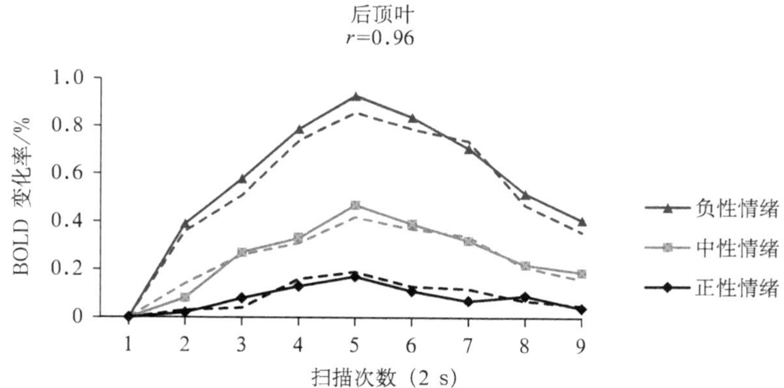


图 6-5　正常对照组不同情绪刺激下加法计算在后顶叶脑区 BOLD 效应拟合

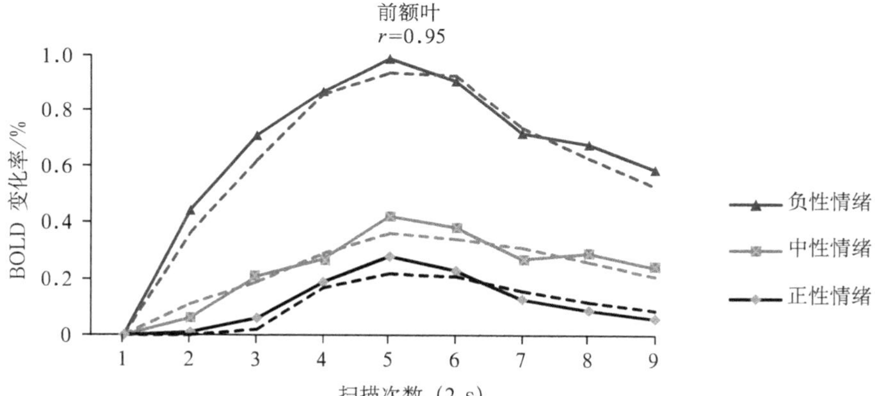


图 6-6　抑郁症患者不同情绪刺激下加法计算在前额叶脑区 BOLD 效应拟合

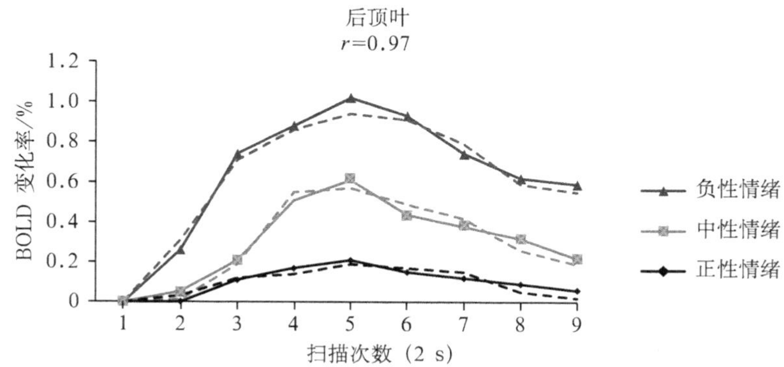


图 6-7　抑郁症患者不同情绪刺激下加法计算在后顶叶脑区 BOLD 效应拟合

## 6.5 讨 论

（1）抑郁症患者的认知控制和情绪加工的相互作用特点

本章研究结果表明，单独关注情绪面孔图片刺激（忽视计算任务刺激而对情绪刺激图片进行判断加工）时，抑郁症患者组对于不同情绪效价的刺激图片表现出不同的反应。在完成正性情绪刺激下加法计算任务中，抑郁症患者的正确率明显低于正常对照组的正确率，表明抑郁情绪状态对受试者加工正性情绪刺激的能力产生了影响；完成负性情绪刺激下加法计算任务时，抑郁症患者的正确率和正常对照组差异性同样显著，表明抑郁症患者对负性情绪刺激加工的能力由于外界因素干扰同样受到损伤，即表现为负性情绪认知偏向，该因素可能是导致抑郁症患者在负性情绪刺激出现时，对其注视和停留及缓冲时间变长，从而对后续的认知加工产生了抑制作用。总之：抑郁症患者的认知控制功能降低，可能是因为对在意识范围之内的正性情绪加工能力下降，而不是因为对负性情绪加工能力变强了，这和以往的相关研究结果相一致[38]。

除此之外，正常对照组在完成正性情绪刺激下加法计算时的正确率明显比在负性情绪刺激下完成加法计算时的正确率高；而对于抑郁症患者，其在正性情绪刺激下完成加法计算任务时的正确率同样高于负性情绪刺激下完成加法计算任务时的正确率。该结果表明，正性情绪刺激图片可能会促进正常对照组的认知加工[39]。由于心情愉悦，对心境冲击较小甚至能促进正常对照组更快地将注意力集中到认知计算任务中，从而提高了被试的认知控制能力，使其正确率相对比较高；但是与正常对照组相比，因为抑郁症患者处理正性情绪刺激的能力明显较差，即正性情绪偏离[40]，因而抑郁症患者在正性情绪图片刺激下完成加法计算任务时正确率较高，反应时相对较短。产生这样的结果，可能是抑郁症患者对正性情绪图片刺激不敏感，响应程度不大，而由于抑郁症患者的负性情绪偏向，其容易受到负性情绪的影响，心情波动较大并持久，从而使得抑郁症患者在负性情绪图片刺激下完成加法计算任务时的正确率较低，反应时较长。

（2）抑郁症患者的认知控制与无意识情绪加工的相互作用特点

不考虑正性情绪和负性情绪图片刺激对加法计算等式图片做出判断的作用，抑郁症患者组的正确率都比正常对照组显著较低。表明当对加法计算等式图片做认知判断时（不考虑正性情绪刺激和负性情绪刺激图片的干扰），不管是正性情绪图片刺激，还是负性情绪图片刺激，抑郁症患者均容易受到来自情绪图片因素的干扰，他们的认知控制能力也会因为情绪加工影响而下降。该结果与以往研究观点相一致[30，33]。

除此之外，对于正常对照组而言，不考虑正性情绪图片对加法计算等式图片做出判断时的正确率明显比忽视负性情绪图片刺激对加法计算等式做出判断的正确率高，但没有抑郁症患者组差异明显；而对于抑郁症患者组，不考虑正性情绪图片刺激对加法计算等式图片做出判断时的正确率显著高于忽视负性情绪图片刺激对加法计算等式图片做出判断时的正确率。总而言之：与负性情绪刺激相比，正常对照组可能对正性情绪刺激较为敏感，同时对负性情绪图片刺激具有自我调节能力，因而在完成认知任务判断时更容易受到来自正性情绪刺激的干扰，同时对负性情绪刺激有一定的调节能力；但是抑郁症患者组可能因为注意力的范围相对较小，其表现为对出现在意识范围以内的外界给予情绪刺激会更加关注，由于其本身的正性情绪偏离和负性情绪偏向本质，其受到不同情绪刺激的干扰差异更加显著。

本章对抑郁症患者和正常对照组在正性、中性和负性情绪刺激下完成加法计算任务进行了分析和研究，结果证明：对正常对照组而言，依据以往的正常人具有正性情绪偏向和负性情绪调节能力，在受到情绪图片刺激时，其在完成认知任务时的正确率和反应时均表现出不同的差异，这表明对于正常对照组，正性情绪促进其认知加工，负性情绪对其认知加工有一定的抑制作用；对于抑郁症患者而言，根据以往的抑郁症患者具有正性情绪偏离和负性情绪偏向的特点，抑郁症患者在正性情绪图片刺激下完成认知任务的正确率和反应时差异相对不大，但由于其负性情绪偏向的特点使其受到负性情绪刺激的影响较大，因而其在负性情绪刺激下完成加法计算任务的正确率和反应时相对差异较为显著；与正常对照组相比，抑郁症患者组无论是在正性情绪刺激下还是负性情绪刺激下完成加法计算任务的正确率和反应时均表现不如正常对照组，本章的主要内容也进一步对该结果进行了计算机建模和仿真，并做出了解释和验证。研究结果表明，抑郁症患者不仅存在情绪功能障碍，同时，也有认知功能障碍，与以往相关研究结果相一致。本研究对进一步探讨抑郁症情绪加工与认知控制的相互作用特点有重要意义。

本章研究的主要目的是找到抑郁症患者和正常对照组完成不同情绪刺激下加法计算认知的神经机制差异。参考以往相关研究的确定性分型和探索性分析结果，本章依然主要关注 DLPFC 和 PPC 两个激活最为显著的脑区进行研究，在建立认知假设模型时也主要从以上两个脑区出发。

## 6.6 本章小结

综上所述，抑郁症患者的情绪功能障碍和认知功能障碍，使其在情绪和认知共同作用下的脑区工作原理更加复杂，本章依据行为实验结果和本研究团队的 fMRI 结果，分别对其建立相应的认知假设模型。仿真结果和真实结果的有效拟合，证明了假设模型的合理性和有效性，对抑郁症患者和正常对照组在不同情绪刺激下完成加法计算任务的高级认知过程及脑区协同工作在更细的时间微粒上进行了有效解释和验证。不仅丰富了以往研究成果，而且从更加系统、全面的实验设计和研究角度综合研究情绪、认知、疾病的脑区内部的神经机制。可能为抑郁症的诊断和治疗提供新的方法，也为抑郁症的康复研究提出新的角度，为人类智能和人工智能的进步指出了新的方向。

第七章

# 基于模糊近似熵的抑郁症患者静息态 fMRI 信号复杂度分析

本章提出采用模糊近似熵（fuzzy approximate entropy，fApEn）的方法对 fMRI 复杂度量化分析，并与样本熵（sample entropy，SampEn）进行比较。本章采用 22 个成年抑郁症患者（男 11 名，年龄 18 ～ 65 岁）。我们期望测量的静息态 fMRI 信号复杂度与 Goldberger/Lipsitz 模型一致，越健康、越稳健其生理表现的复杂度越大，且复杂度随年龄增大而降低。全脑平均模糊近似熵与年龄之间差异性显著（$r=-0.512$，$p < 0.001$）。相比之下，样本熵与年龄之间差异性不显著（$r=-0.102$，$p=0.482$）。模糊近似熵同样与年龄相关脑区（额叶、顶叶、边缘系统、颞叶、小脑顶叶）之间差异性显著（$p < 0.05$）。样本熵与年龄相关脑区之间差异性不显著。这些结果与 Goldberger/Lipsitz 模型一致，说明采用模糊近似熵分析 fMRI 数据复杂度是一个有效的新方法。

## 7.1 引　言

在发达国家，随着老龄化趋势日趋严重，研究年龄趋变性与年龄变化的特征越来越重要。生物系统理论认为，健康系统的动态复杂度缺失与生理年龄有关，我们假设复杂度缺失引起适应生理压力的能力受损，从而导致功能损伤[132]。我们先前已经介绍了采用 BOLD 信号研究人脑信号的相关研究[133]。由于有限的时间分辨率及数据长度，要测量 fMRI 复杂度比较困难。真实生理数据伴随长度短且噪声时间序列导致信号的细微变化。处理非线性信号方法如关联维[134]与李雅普诺夫指数[135]无法检测到复杂生物系统，这些非线性方法通常需要较大的数据集[136]和假设处理信号是时不变（输出信号明显不依赖时间）生物系统[137]。生物系统如人脑具有非线性与无序特性，因而事实上生物系统产生的信号是动态的。从概念上讲，所有李雅普诺夫指数的正性特征总和的积分给出了一个估计 Kolmogorov-Sinai 熵 [138]（KS 熵）。同样，李雅普诺夫谱指数可以评估熵增率、分数维、信息维之间的比率 [139]。KS 熵可以对没有噪声并具有无限数据长度的标准数学假设产生信息速率 [140] 的确定性动态系统进行分类。但这是对现实中数据缺陷的一种理想假设 [141]。其他信号处理方法如谱分析和自相关分析可以在随机系统和伴随噪声确定性数据集之间找到最小的差异 [142]。这些信号变化的量化和分析反映了潜在的生物机制，可能可以为临床医学与生物医学应用的研究提供基础。

为了解决从生物系统中获得的长度短并伴随噪声的数据集的信号变化问题，Pincus 提出了量化信号复杂度的近似熵（ApEn）[143]。在这里，复杂度被描述为表现相同模式的一类信号。将近似熵近似看成 Kolmogorov 复杂度 [144]，与 KS 熵概念相同，但观点不同，近似熵提供一个广泛适用的统计公式以区分确定性系统与随机系统的数据集 [141]。给定数据长度为 $N$，公差为 $t$，$ApEn$（$m$，$t$，$N$）近似等于两个序列条件概率的负平均自然对数，近似熵被广泛应用于生物信号，如激素调节、基因序列、呼吸模式、心率变化、心电图、脑电图（EEG）、脑磁图（MEG）及 fMRI 数据。关联维和 KS 熵采用维度 $m$ 的近似熵，但近似熵应用在生物医学领域，关联维和 KS 熵要么未定义要么具有无限可复制性 [141]。但是，近似熵算法计算每一个序列作为自我匹配，以避免计算中出现 ln（0），这可能导致近似熵偏置 [141]。这种偏置使近似熵严重依赖数据长度，数据长度短的均匀度比我们预期的低且缺乏相对一致性。

样本熵是近似熵的一种改进，不包括自匹配，如无法自比较的向量无法降低近似熵的偏置 [146]。样本熵是与下一点保持相似的两个序列条件概率的负自然对数，在计算概率的时候不包括自匹配 [145]。因此，样本熵值较低也表明时间序列中包含更多自相似和较小的复杂度。样本熵是数据长度的最大独立性，能够保持可用参数（$m$，$r$，$N$）较大范围的相对一致性，而近似熵没有这种情况 [143]。同样，样本熵应用于单尺度和多尺度的生物信号，如 EEG、MEG 与 fMRI 数据等数据分析中 [143，144]。由于样本熵具有较好识别能力，因此大多数生物信号的复杂度分析采用样本熵的方法，特别是伴随长度短且包含噪声的 fMRI 信号。与近似熵相比，样本熵依然有一定的局限性。如没有模板和相匹配的内容无法定义信号的样本熵（$m$，$g$，$N$）（$g$ 和 $N$ 的值较小时信号容易发生这种情况）[145]。

最近提出了量化信号复杂度的改进近似熵，即模糊近似熵 [146]。Zadeh 的近似熵概念中将“模糊集”应用在标准近似熵中，根据它们的形状获得 $x_i$、$x_j$ 任意一对不同距离 $d[x_i, x_j]$ 之间相似的模糊测量值。与独立、等分布高斯和均匀噪声的标准近似熵与样本熵相比，在描述不同复杂度信号时，相比标准近似熵，模糊近似熵表现较好的单调性、相对一致性及稳健性[146]。相比样本熵，模糊近似熵不受公差 $r$ 限制，而样本熵计算中公差 $r$ 影响较大[146]。Xie 等[146]进一步研究了肌电信号的近似熵和模糊近似熵，并发现随着肌肉疲劳加重其模糊近似熵值显著降低，这与肌电信号的平均频率变化趋势相似，而标准近似熵无法探测到这种变化。同样，模糊近似熵已经被应用于 MEG 和 EEG 等研究领域。据我们所知，目前尚未发现采用模糊近似熵的方法分析抑郁症患者的 BOLD 信号。

本章中，我们研究了模糊近似熵分析 fMRI 信号复杂度的性能和特点，评估了模糊近似熵分析 fMRI 信号复杂度的潜在能力。通过相比样本熵分析年龄在 18 ～ 65 岁抑郁症患者的静息态 fMRI 信号，评估模糊近似熵是否适合并能够有效分析 fMRI 数据。本章中我们研究了模糊近似熵与年龄之间的关系及样本熵与年龄之间的关系。结果显示，模糊近似熵与样本熵非常适合分析 BOLD fMRI 信号，而其他方法分析较差时间分辨率（相对少的时间点）及固有噪声的信号有一定局限性。

BOLD 信号是间接量化人脑神经激活程度的一种方法。血液动力学响应效率（haemodynamic response efficiency，HRE）是神经激活和血管响应的一个指标[147]。白质的血液动力响应程度高于灰质[147]，因此，BOLD fMRI 研究主要关注白质。同时，有关白质的 BOLD fMRI 激活报道近年来也越来越多[148]。

系统输出复杂度的分析和特点可能可以为一个人的健康程度提供一个量化指标[149]。复杂输出模式系统能够较好地适合扰动、损伤、最小化功能损伤。适应性是体现不可预测的扰动、压力等健康程度的指标。复杂生理系统适应能力的缺失是负责适应日常生活压力而降低多重生理过程而表现的一种特征。年龄和疾病特征在复杂生理系统的动态复杂度缺失得以体现[132]。

随着抑郁症患者的年龄增大，其认知能力降低，如处理速度、记忆、执行功能、推理能力[150]。尽管可以合理假设病源是某种疾病和年龄变化的累积，然而要找出这种认知能力下降的本质原因非常困难。人脑如何克服病理的影响以维持正常功能目前尚不清楚。采用熵值的方法表征 fMRI 信号复杂度显示熵值随年龄的变化而变化，并随着年龄的增长而减小[151]或者随与年龄相关的病理特征累积而逐渐增大[133]。对于当前分析，我们希望采用模糊近似熵和样本熵量化抑郁症患者静息态 fMRI 信号复杂度与 Goldberger/Lipsitz 模型的稳健性相一致[149]，越年轻、越稳健的系统其生理表现的复杂度越大，而且随年龄增大而降低。

同时，模糊近似熵在性能和识别能力方面相似，是一个非常适合分析 fMRI 信号复杂度的方法[144-147]。

## 7.2 数据处理及算法分析

### 7.2.1 被试

本实验共收集到来自首都医科大学附属安定医院门诊 22 名抑郁症患者（男 11 名，年龄 18 ～ 65 岁）参与并完成本实验，经过首都医科大学附属安定医院道德委员会认定，所有被试均签订同意告知书，实验后给被试一定费用。被试入选标准：右利手，无药物滥用史，无其他伴随精神或神经类疾病，头部无创伤，体内无金属。被试人口统计学及临床特征如表 7–1 所示。

表 7–1 被试人口统计学及临床特征

| 特征 | 抑郁症患者（22） | $p$ 值 |
|---|---|---|
| 性别（男：女） | 11:11 | 1 |
| 平均年龄 / 岁 | 42.37 | 0.91 |
| 受教育程度 / 年 | 14.1 ± 3.2 | 0.93 |
| T-AI 总分 | 51.2 ±11.6 | 0.00 |
| QIDS | 11.4 ± 5.6 | 0.00 |
| PHQ-9 | 11.3 ± 6.2 | 0.00 |
| HDRS-17 总分 | 15.8 ± 8.0 | — |

### 7.2.2 数据采集

实验在首都医科大学附属宣武医院完成，设备采用德国西门子 3.0 T 扫描仪，使用 12 通道相控头部线圈进行数据采集。数据采集开始前，让被试戴耳机以减少扫描伴随噪声对数据质量的影响，在被试头部套上泡沫衬垫，以防止被试头动过大导致采集到的数据无法使用。加权梯度回波 T2* 采用回波平面成像序列（echo-planar imaging sequence，EPI）和标准头部线圈。采用 $TR$=2 s 和矩阵 64 × 64 获得 133 数据，一共产生 30 个轴向片，为均匀磁场剔除前 5 个数据。

## 7.2.3 数据预处理

用 SPM8（http://www. Restfmri.net/forum/REST_V1.8）对 fMRI 原始数据进行预处理：①格式转换：将原始数据转换为 NIfTI 格式，转换结束后删除前 5 个文件以均匀磁场；②时间校正：用来校正 1 个文件中间层与层之间获取（采集）时间差异。本实验图像获取是隔层进行，因此中间层设为 29 层；③头动校正：目的是在允许的头动范围内，可以使用一定的算法校正信号，使其靠近真实值，如果超过了这个规定范围必须剔除这个被试的所有数据，剔除范围：平动≥ 2 mm，旋转≥ 3 °；④标准化：目的是将不同容积和形状的被试的大脑放到一个标准空间里，用一个公用的坐标系去描述具体的一个位置，方法是将这些图像标准化到SPM8的EPI模板上；⑤高斯平滑：目的是将功能像文件平滑，将半宽高 FWHM 设置为 888。采用一个截止频率为 1/128 Hz 的高通滤波器滤除信号的低频噪声。并且，为提高数据分析效率，这里仅对脑内信号进行处理，当体素的时间序列的二范数值小于某个阈值时，认为此为背景，经验上将阈值取所有体素中最大值的 1/10[40]。最后，我们采用模糊近似熵与样本熵算法对这些数据分析处理。

## 7.2.4 近似熵算法

定义一个 $N$ 维信号 $(\chi_1, \chi_2, \cdots, \chi_N)$ 的近似熵为

$$ApEn(m, t, N) = \Phi^m(t) - \Phi^{m+1}(t)$$

其中，

$$\Phi^m(t) = \left[N - (m-1)\tau\right]^{-1} \sum_{i=1}^{N-(m-1)\tau} \ln\left[C_i^m(t)\right] \tag{7–1}$$

$$C_i^m(t) = \frac{1}{N-(m-1)\tau} \sum_{j=1}^{N-(m-1)\tau} \Theta(d_{ij}^m - 1) \tag{7–2}$$

式（7–1）中，$N$ 是时间点个数，$m$ 是模式长度，$\tau$ 为延迟时间。式（7–2）中，

$\Theta$ 为 Heaviside 函数，即

$$\Theta(z) = \begin{cases} 1\,, & z \leqslant 0 \\ 0\,, & z > 0 \end{cases} \tag{7–3}$$

定义 $\chi^m_i$ 和 $\chi^m_j$（$m$ 维模式向量）的距离为

$$d^m_{ij} = d[\chi^m_i, \chi^m_j] = \max_{k\in(0,m-1)}\left|u(i+k) - u(j+k)\right| \tag{7–4}$$

其中，$\chi^m_i = \left(\chi_i, \chi_{i+\tau}, \cdots, \chi_{i+(m-1)\tau}\right)$，$i = 1,2, \cdots, N-(m-1)\tau$。

$t$ 为预定义公差值，定义为

$$t = k \cdot std(T) \tag{7–5}$$

其中，$K$ 为常量，$K>0$，$std(\cdot)$ 表示信号的标准偏差。$m$ 测量信号的两种模式 $i$ 和 $j$ 相似，任意一对模式 $\chi^m_i$ 和 $\chi^m_j$ 之间的距离 $d^m_{ij} \leqslant t$。

### 7.2.5 样本熵

定义一个 $N$ 维信号 $(\chi_1, \chi_2, \cdots, \chi_N)$ 的样本熵为

$$SampEn(m, g, N) = -\ln\left[\frac{U^{m+1}(g)}{U^m(g)}\right] \tag{7–6}$$

其中，

$$U^m(g) = \left[N - m\tau\right]^{-1}\sum_{i=1}^{N-m\tau} C^m_i(g) \tag{7–7}$$

$$C^m_i(g) = \left[N-(m+1)\tau\right]^{-1} \cdot \sum_{j=1}^{N-m\tau} \Theta(d^m_{ij} - g) \tag{7–8}$$

式（7–6）中，$N$ 是时间点个数，$m$ 是模式长度，$\tau$ 为延迟时间。式（7–7）中，$\Theta$ 为 Heaviside 函数，即

$$\Theta(z) = \begin{cases} 1, & z \leqslant 0 \\ 0, & z > 0 \end{cases} \tag{7–9}$$

定义 $\chi^m_i$ 和 $\chi^m_j$（$m$ 维向量）的距离为

$$d^m_{ij} = d[\chi^m_i, \chi^m_j] = \max_{k\in(0,m-1)}\left|u(i+k) - u(j+k)\right| \tag{7–10}$$

其中，$\chi^m_i = \left(\chi_i, \chi_{i+\tau}, \cdots, \chi_{i+(m-1)\tau}\right)$，$1 \leqslant j \leqslant N - m\tau, j \neq i$。

$g$ 为预定义公差值，定义为

$$g = k \cdot std(T) \tag{7–11}$$

其中，$K$ 为常量 $k>0$，$std(\cdot)$ 表示信号的标准偏差。$m$ 测量信号的两种模式 $i$ 和 $j$ 相似，任意一对模式 $\chi_i^m$ 和 $\chi_j^m$ 之间的距离 $d_{ij}^m \leqslant g$。

### 7.2.6 模糊近似熵

Zadeh 引入了“模糊集”概念并提出了模糊集相互关系思想，以对一个不准确且无法确定的环境做出合适的决定[152]。在物理世界，无法对类别之间的边界区域做出明确的定义，导致很难区分一个输入信号。Zadeh 理论提供了一个区分输入信号的方法，这里提出了模糊函数 $u_z(\chi)$ 的隶属度，用 [0，1] 之间的一个实数表示每一个点 $\chi$ 之间的联系程度[146]。集合 $Z$ 中 $\chi$ 的隶属度越高，$u_z(\chi)$ 的值越接近个体。在模糊近似熵中采用模糊隶属度函数 $u_z(d_{ij}^m, r)$ 来获得一个基于 $\chi_i^m$ 和 $\chi_j^m$ 形状之间相似性的模糊测量值。由于模糊隶属度函数特点，Heaviside 函数的硬边界逐渐软化，各个点之间逐渐接近并越来越相似[146]。

定义一个 $N$ 维信号（$\chi_1$，$\chi_2$，⋯，$\chi_N$）的模糊近似熵为

$$fApEn(m, r, N) = \Phi^m(r) - \Phi^{m+1}(r) \tag{7–12}$$

这里，

$$\Phi^m(r) = \left[N-(m-1)\tau\right]^{-1} \sum_{i=1}^{N-(m-1)\tau} \ln\left[C_i^m(r)\right] \tag{7–13}$$

$$C_i^m(r) = \frac{1}{N-(m-1)\tau} \sum_{j=1}^{N-(m-1)\tau} D_{ij}^m \tag{7–14}$$

式（7–12）中，$N$ 是时间点个数，$m$ 是模式长度，$\tau$ 为延迟时间。式（7–13）中，采用模糊隶属度函数确定 $D_{ij}^m$，这里用一个“自动”镜像二次函数（根据 $r$ 自动设置模糊宽度）表示，即

$$D_{ij}^m = u(d_{ij}^m, r) \tag{7–15}$$

定义 $\chi_i^m$ 和 $\chi_j^m$（$m$ 维模式向量）之间的距离为

$$d_{ij}^m = d[\chi_i^m, \chi_j^m] = \max_{k\in(0,m-1)} \left|u(i+k) - u0(i) - [u(j+k) - u0(j)]\right| \tag{7–16}$$

$$i = 1,2,\cdots,N-(m-1)\tau,$$

其中，$\chi_i^m = \{u(i), u(i+1), \cdots, u(i+m-1)\} - u0(i)$，

这里 $u0(i)$ 是基线值：

$$u0(i) = \frac{1}{m}\sum_{j=0}^{m-1} u(i+j) \tag{7–17}$$

$r$ 为预定义公差值，定义为

$$r = k \cdot std(T) \tag{7–18}$$

其中，$K$ 为常量 $k > 0$，$std(\cdot)$ 表示信号的标准偏差。采用模糊隶属度函数 $u(d_{ij}^{m}, r)$ 确定信号 $m$ 测量值 $i$ 和 $j$ 二种模式之间的相似程度，任意一对 $\chi_i^m$ 和 $\chi_j^m$ 对应的测量值之间距离函数是关于公差参数 $r$。

本研究中模糊隶属度函数是基于一对“镜像”二次曲线生成一个 S 型。*X=distance/r* 函数为

$$\mu_{\text{quadratic}}(\chi) = \begin{cases} 0 \leqslant \chi \leqslant 1: \dfrac{1}{2}(2-\chi^2) \\ 0 < \chi \leqslant 2: \dfrac{1}{2}(2-\chi^2) \end{cases} \tag{7–19}$$

Xiong 等 [153] 提出增加一个额外特征“自动”调节的模糊宽度作为 $r$ 的一个函数。

### 7.2.7 模糊近似熵和样本熵计算

计算 $m$=2，最佳 $r$ 值（模糊近似熵：$r$ =0.25；样本熵：$g$ =0.3）时每一个抑郁症患者静息态数据的全脑模糊近似熵和样本熵，乘 fMRI 数据的 *SD*，$\tau$ =1，128 个 fMRI 文件。比较相邻点，采用一个默认值 $\tau$ =1 的目的是降低 fMRI 时间序列自动校正的影响。采用如在 Matlab 和 C 开发平台上的 Mayberg 等 [2] 方法对一个体素形成全脑模糊近似熵和样本熵图。最大信号阈值超过正常的 0.1 倍时，通常剔除大脑外部计算的体素。这样可以计算每个被试的平均全脑模糊近似熵和样本熵值。

### 7.2.8 统计分析

所有统计分析在 IBM 的 SPSS 软件（SPSS 20.0；New York，USA）。将每个被试的模糊近似熵和样本熵图标准化到 EPI 模板上，对模糊近似熵与年龄和样本熵与年龄做空间相关性分析，以 SPM8 的多元回归方法对全脑样本年龄做分析，FEW（family-wise error）校正显著 $p < 0.05$，阈值 $p$=0.005。同样采用 SPM8 对两组样本做 $t$ 检验来研究男和女样本的性别与年龄的相互关系，对 FEW 校正显著 $p < 0.05$，$p$=0.005 的模糊近似熵和样本熵进行研究。

## 7.3 结 果

男性样本和女性样本的平均全脑模糊近似熵之间不显著（$p > 0.05$）。采用 SPSS 的一般线性模型分析时，一般线性模型分析显示年龄主效应（$p < 0.001$），没有性别主效应（$p$=0.604），性别和年龄之间交互作用不显著（$p$=0.206）。当采用 SPSS 中的一般线性模型校正年龄主效应时，男性和女性样本之间平均全脑模糊近似熵差异非常接近统计显著性标准（$p$=0.051），男性样本的平均全脑模糊样本熵值与女性样本差异性不显著（$p > 0.05$）。当采用 SPSS 中的一般线性模型时，年龄主效应（$p$=0.432）和性别主效应（$p$=0.8）都没有显著性差异，年龄和性别之间也没有显著性差异（$p$=0.813）。当对年龄主效应进行校正时，男性和女性样本的平均全脑样本熵差异性不显著（$p > 0.05$）。不同性别的模糊近似熵与样本熵如表 7–2 所示，模糊近似熵与样本熵的主效应和交互作用分析如表 7–3 所示。

表 7–2 不同性别的模糊近似熵与样本熵之间的差异

| | 男 | 女 | 显著性（$p$ 值） |
|---|---|---|---|
| 被试 | 11 | 11 | |
| 年龄 / 岁 | 42.36 ± 16.261 | 42.83 ± 19.762 | 0.793 |
| fApEn | 0.838 ± 0.0038 | 0.836 ± 0.0062 | 0.098 |
| 年龄调整后的 fApEn | 0.833 ± 0.0084 | 0.831 ± 0.0081 | 0.051 |
| SampEn | 1.689 ± 0.0602 | 1.677 ± 0.0598 | 0.402 |
| 年龄调整后的 SampEn | 1.689 ± 0.0896 | 1.678 ± 0.0792 | 0.294 |

表 7–3 模糊近似熵与样本熵的主效应和交互作用分析

| | 显著性（$p$ 值） |
|---|---|
| 年龄主效应的 fApEn GLM 分析 | $< 0.001$ |
| 性别主效应的 fApEn GLM 分析 | 0.604 |
| 年龄和性别交互作用的（年龄 * 性别）fApEn GLM 分析 | 0.206 |

续表

| | 显著性（$p$ 值） |
|---|---|
| 年龄主效应的 SampEn GLM 分析 | 0.051 |
| 性别主效应的 SampEn GLM 分析 | 0.946 |
| 年龄和性别交互作用的（年龄 * 性别）SampEn GLM 分析 | 0.813 |

全部样本的年龄与平均全脑模糊近似熵之间差异性显著（$p < 0.01$）负相关（$r=-0.512$）。随着年龄增大，其模糊近似熵逐渐减小，如图 7–1 所示。样本熵分析中：全部样本的年龄与平均全脑样本熵之间差异性不显著（$p=0.412$）且表现负相关（$r=-0.102$），如图 7–2 所示。随着年龄增大其样本熵同样下降，但结果并不显著。表 7–4 显示模糊近似熵和样本熵量化全部被试静息态数据集与年龄之间的关系。为了研究年龄与全脑模糊近似熵之间的相关性及年龄与全脑样本熵之间的相关性，我们采用 SPM8 进行多元回归分析，FEW 校正，其差异性显著（$p < 0.05$）。模糊近似熵与年龄显著（$p < 0.05$）负相关，由此可以区分与年龄相关的额叶、顶叶、边缘系统、颞叶、小脑前部。年龄与性别的全脑模糊近似熵之间的交互作用不显著（$P > 0.05$）。对全部样本的年龄和全脑样本熵分析，我们的研究没有发现任何显著性差异，如表 7–5 所示。且年龄和性别的全脑样本熵交互作用不显著（$p > 0.05$）。

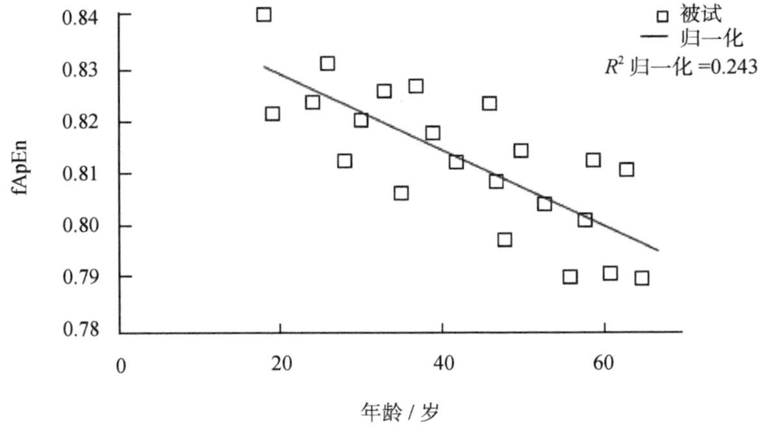


**图 7–1　全部样本的年龄与熵之间的回归曲线，即样本的年龄与平均全脑模糊近似熵（$m$=2，$r$=0.25，$N$=128）之间的回归曲线**

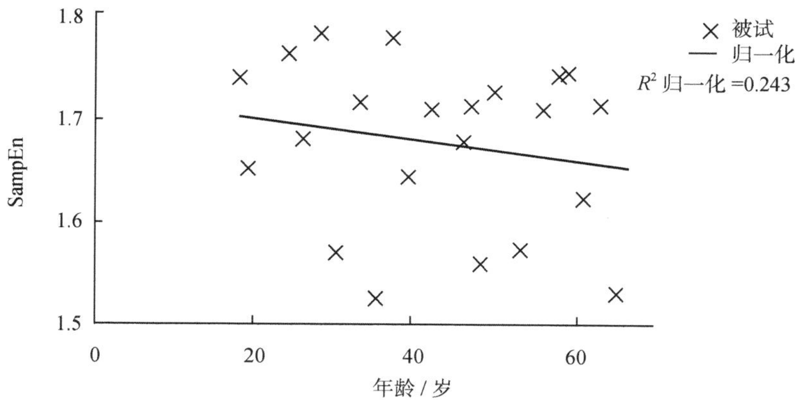


图 7–2　全部样本的年龄与熵之间的回归曲线，即样本的年龄与平均全脑样本熵（$m = 2$，$g = 0.3$，$N = 128$）之间的回归曲线

表 7–4　模糊近似熵 / 样本熵与年龄之间的关系

| | 被试 | 显著性（$p$ 值） |
|---|---|---|
| 性别（男 / 女） | 11/11 | |
| 年龄 / 岁 | 42.37 ± 18.48 | |
| fApEn | 0.8342 ± 0.0059 | |
| SampEn | 1.6802 ± 0.0596 | |
| 年龄的 fApEn | $r$=−0.512 | ＜ 0.001 |
| 年龄的 SampEn | $g$=−0.102 | 0.412 |

如图 7–3（a）和图 7–3（b）所示，灰质和白质的模糊近似熵与年龄呈现显著（$p < 0.05$）负相关。如我们期望，脑脊液的模糊近似熵差异性不显著（$p$=0.115，大小 =20）。年龄与白质（$r$ =−0.708）和灰质（$r$ =−0.716）的模糊近似熵之间均表现为负相关，且差异性显著（$p$=0.02），白质的平均模糊近似熵（0.8273 ± 0.0082）的显著性（$p < 0.001$）显著高于灰质的模糊近似熵（0.8194 ± 0.0079），如图 7–3（c）所示。

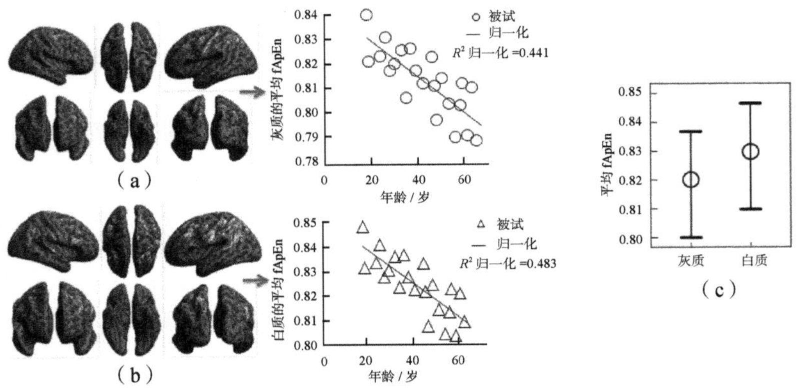


（a）灰质的平均模糊近似熵（$m = 2$，$r = 0.25$，$N = 128$）与年龄负相关（$r = -0.712$）；（b）白质的平均模糊近似熵（$m = 2$，$r = 0.25$，$N = 128$）与年龄负相关（$r = -0.746$）；（c）白质的平均模糊近似熵（0.8273 ± 0.0068）显著（$p < 0.001$）高于灰质的平均模糊近似熵（0.8192 ± 0.0073）。

**图 7–3　灰质和白质的模糊近似熵与年龄之间的关系**

模糊近似熵与年龄在默认网络脑区同样表现显著（$p < 0.05$）负相关，楔前叶（簇大小 =1342），后扣带回（簇大小 =103），内侧前额叶皮层（簇大小 =402）和顶叶（簇大小 =207）。

**表 7–5　每一个最显著性脑区的全样本位置坐标的年龄与模糊近似熵多元回归分析（阈值 $p$=0.005，FEW 修正聚类 $p < 0.05$）**

| | 簇数和大小 | 脑区 | Talairach 坐标 | | |
|---|---|---|---|---|---|
| | | | $x$ | $y$ | $z$ |
| 全样本 | 簇 1 | 顶叶 | −58 | −18 | 34 |
| | 大小 =36.493 | 顶叶 | −26 | −54 | 56 |
| | | 额叶 | −32 | −2 | 62 |
| | 簇 2 | 小脑前叶 | 10 | −46 | 0 |
| | 大小 =702 | 缘叶 | 8 | −48 | 8 |
| | | 颞叶 | 24 | −62 | 14 |

续表

| 脑区 | 类型 | 簇 $p$ 值（FEW 校正） | 体素值 |
|---|---|---|---|
| 左中央后回 | 灰质 | ＜ 0.001 | 5.96 |
| 左下脑回 | 白质 | ＜ 0.001 | 6.02 |
| 左额中回 | 白质 | ＜ 0.001 | 4.82 |
| 右嘴峰 | | 0.041 | 5.03 |
| 右后扣带回 | 白质 | 0.041 | 3.97 |
| 右下脑回 | 白质 | 0.041 | 4.07 |

## 7.4 结　论

本章我们提出模糊近似熵对 fMRI 数据进行分析的一种方法。同时，我们研究了模糊近似熵分析 fMRI 信号复杂度的效果和特点，并与样本熵进行比较。我们初步分析了较年轻和年龄较大的两组抑郁症患者（各 10 名）在年龄上差异性显著（$p < 0.001$），模糊近似熵能够区分较大年龄被试组和较年轻被试组，同时样本熵也同样可以很好区分两组被试。

对整个被试组做平均全脑分析，结果显示整个样本被试的年龄仅与模糊近似熵差异性显著（$p < 0.05$），平均全脑样本熵分析结果显示随着年龄的增大样本熵同样减小，但差异性不显著（$p > 0.05$）。同样，调整年龄主效应后，仅男性和女性的平均全脑模糊近似熵的差异性非常接近统计的标准（$p$=0.051），且男性稍微高于女性。调整年龄主效应后，男性和女性的平均全脑模糊样本熵的差异性不显著（$p > 0.055$），因此相对于样本熵，模糊近似熵具有更好的识别能力。全部样本被试的脑区分析同样显示仅模糊近似熵分析结果显著。所有样本被试的模糊近似熵与年龄之间显著（$p < 0.05$）负相关。Baddeley[40] 对额叶周围区域研究推测在 7 ～ 65 岁年龄段，随着年龄增大，EEG 大小稳定性逐渐增加，在 7 ～ 25 岁期间复杂度最大。MEG 研究 [41] 提出可以根据样本熵的特点解释上述现象。Anokhin 等 [154] 研究中观察到，7 ～ 60 岁年龄段复杂度是连续增加的现象。Fernández 等 [155] 研究发现，60 ～ 80 岁年龄段随着年龄增大复杂度是减小的。

另一个对 7 ～ 84 岁的 MEG 研究发现，从出生到青少年，其复杂度是逐渐增加，然后逐渐减小 [156]。鉴于以上研究，我们对 18 ～ 65 岁抑郁症患者的 fMRI 数据分析结果是合理的，从成年到老年的模糊近似熵逐渐降低。Goldberger/Lipsitz 模型提出越稳健 [132，149]、越健康、系统越稳定，其生理复杂度越大，年龄越大，系统复杂度越低。我们的研究结果与这个模型一致，本研究中年轻被试的复杂度大于老年被试，随着年龄增大，fMRI 信号复杂度显著减小。

本研究中从模糊近似熵与年龄之间的关系可以看出，灰质和白质与年龄之间差异性都显著，白质的平均模糊近似熵显著大于灰质。最近，Liu 等[157]发现了相似的结果，即在 20 ms、35 ms、50 ms 3 个不同回波时间（TE）上白质的平均模糊近似熵显著（$p < 0.05$）大于灰质的平均模糊近似熵。他们认为，单噪声不能完全解释这种结果，因为最小模糊近似熵是发生在 *TE*=35 ms 而不是预测的 50 ms[157]。随着年龄增加，白质的脑血管活动强度变大变快，而灰质中的变化相反[158]。Lu 等[159]发现与年龄相关的额叶和顶叶双边白质区域脑血流量增加，但这个结果无法解释生理机制。因而需要更多的调查来研究和理解与 BOLD 信号与熵之间潜在关联的生物物理机制。在默认网络的一些脑区可以观察到老龄化，尤其在楔前叶更加明显。

伴随着老龄化，可能逐渐出现血管、血流动力功能和一些如噪声等身体变化。这种现象在一组被试一生年龄变化中最为明显[160]。近些年，Tsvetanov 等[161]采用静息态 fMRI 研究不同年龄的血管活动。本研究采用静息态 BOLD 数据，我们发现血管随着老龄化而变化。由于实验设计不同、统计检验和删除异常值方法不同，可能会出现与以上研究结果不同的结果[160]。由于本研究中我们已经完成了利用模糊近似熵方法进行滤波和识别，因此，不同的心率、呼吸速率和不同白噪声的影响可能减小。之前已有对模糊近似熵与噪声之间关系进行的讨论[151]。

本研究中，我们仅对样本的年龄和性别做了分析，对结果没有做进一步的调查，其他因素如基线选取、个体特性都可能影响个体分析结果。因而需要对 fMRI 信号复杂度的其他因素做进一步的调查和研究。同时，我们的研究仅限于成年人；而研究个体整个生命阶段的 BOLD 信号复杂度会更具有说服力。被试量相对不足等可能也是本研究的不足。复杂度逐渐缺失的真正原因同样需要做进一步分析，也可以采用近似熵和样本熵外的其他方法如单变量（单尺度熵）、双变量（交叉模糊熵：C– 模糊熵、交叉样本熵：C– 样本熵）[162]、多变量（多尺度熵）对 BOLD 数据进行分析。未来采用这些相关研究方法可能效果会更好。

本研究提供了模糊近似熵分析 fMRI 信号复杂度的初步结果。我们的研究结果与 Goldberger/Lipsitz 模型一致。明显，我们的研究结果显示随年龄的变化其模糊近似熵值也在不断变化，因此，模糊近似熵可以量化大脑激活模式变化。与样本熵相比，模糊近似熵的区分效果更好，且模糊近似熵可以探测到样本熵无法探测到的细微模式和信号变化。本研究结果显示，模糊近似熵是一个更有效、更准确、更适合分析 fMRI 数据的新方法。

（1）模糊近似熵和样本熵的最优公差值 $r$ 的选取

为了找出模糊近似熵和样本熵的最优公差值 $r$，我们采用文献 [26] 的方法。采用被试工作曲线脑区（ROC）[49] 值评估模糊近似熵和样本熵从较年长者（男 5 名，平均年龄 58.43 岁）中区别出较年轻者（男 5 名，平均年龄 58.43 岁）的能力。采用一系列 $r$ 值来计算 ROC 脑区方法来确定最优 $r$ 值。取当 $m$=2[50]、$N$=128、$r$=[0.05，0.1，…，0.5] 时，每个被试的平均全脑模糊近似熵和样本熵值来计算 ROC 脑区。采用以上方法，我们得到模糊近似熵最优 $r$ 值是 0.25，样本熵最优 $r$ 值为 0.3。图 7–4（a）和图 7–4（b）分别是模糊近似熵和样本熵的 ROC 曲线。图 7–4（c）是最优 $r$ 值选取图。

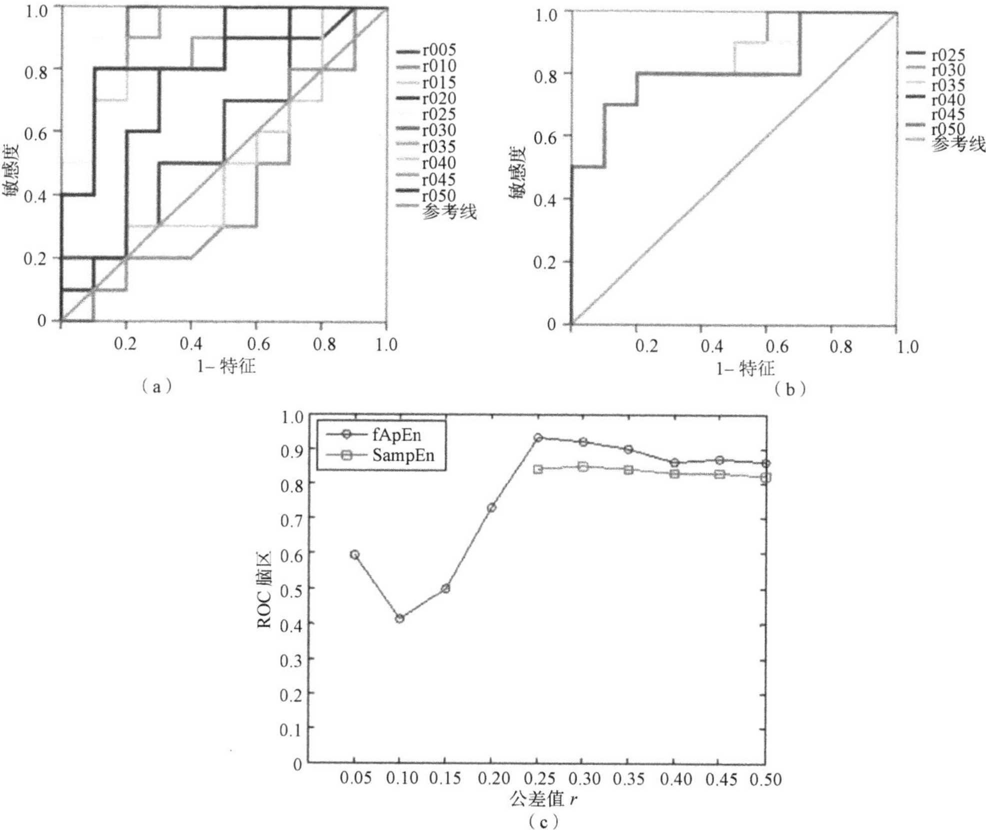


（a）模糊近似熵的 ROC 曲线；（b）样本熵的 ROC 曲线；（c）模糊近似熵（$m$=2，$r$=0.05，0.1，…，0.5，$N$=128）和样本熵。

**图 7–4　模糊近似熵和样本熵识别特征的 ROC 分析**

（2）研究大脑模糊近似熵与时间长度 $N$ 的关系

根据模糊近似熵定义，对正对照组、抑郁症患者的 fMRI 信号的时间长度分别取 $N$=16 s，32 s，…，128 s，计算每个被试的 fApEn 值，并分别对两组样本的模糊近似熵值求平均，即可得出两组被试的平均模糊近似熵值与时间长度的关系，如图 7–5 所示。分析图 7–5 可知：

①总体上看，正常对照组的平均模糊近似熵大于抑郁症患者，不受时间长度影响。

②正常对照组的平均模糊近似熵值随时间长度变化没有固定趋势；而抑郁症患者的平均模糊近似熵值总体上随时间长度增加而减小。正常对照组与抑郁症患者的模糊近似熵值之间的差值在时间长度为 128 时最大，因此可知，随时间长度增加，两组样本的平均模糊近似熵值之间的差异越大，其结果和实际情况越接近，判断的准确率越高，因此，我们选择时间长度为 128，以保证实验精确度。

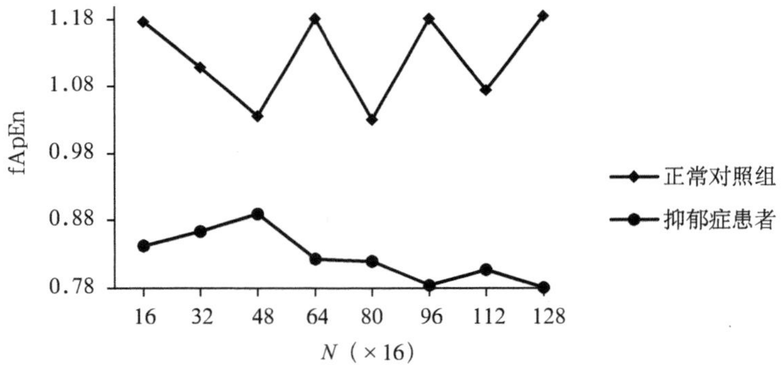


图 7–5　fApEn 与 $N$ 之间的关系

（3）比较正常对照组与抑郁症患者的模糊近似熵值

为使本实验更加有意义，在本部分增加与上述实验中抑郁症患者在性别、年龄、教育程度相匹配的正常对照组 22 人（男 11 名），正常对照组来自北京工业大学和周围社区，实验流程及数据预处理、模糊近似熵值求解过程同抑郁症患者，正常对照组与抑郁症患者的模糊近似熵值如图 7–6 所示，采用 SPSS 20.0 对两组样本的模糊近似熵值做假设检验，结果显示 $p < 0.05$，两组模糊近似熵值之间差异性显著。结果表明，抑郁症患者熵值显著低于正常对照组，即抑郁症患者脑区激活程度低于正常对照组，说明抑郁症患者脑区部分功能受损，与

以往相关研究结果一致，由此说明，模糊近似熵可以作为衡量脑区活动程度的一个生物物理学标识。

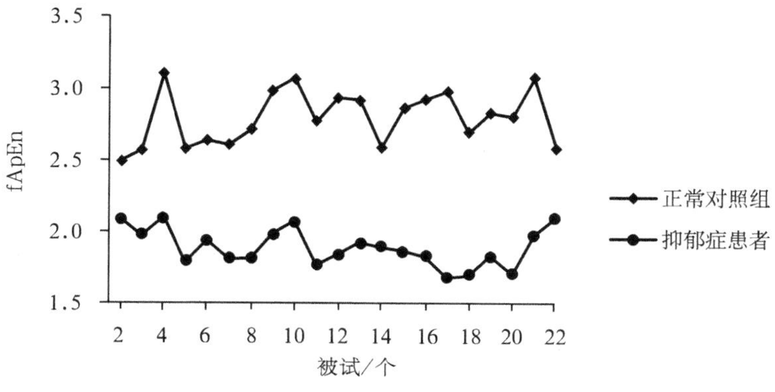


**图 7-6　两组被试的模糊值近似熵比较**

## 7.5　本章小结

本章首先对目前研究抑郁症的非线性动力学研究做了简单介绍，并参考以往相关研究的非线性动力学方法成果，提出利用模糊近似熵的方法研究不同性别、不同年龄、抑郁症患者和正常对照组之间的熵值差异特点。研究结果表明，不同性别之间的平均全脑模糊近似熵值没有显著性差异，样本熵同样显示没有显著性差异；不同年龄之间的模糊近似熵表现为显著性差异，而样本熵值表现为显著性差异不明显，抑郁症患者组的模糊近似熵值大于正常对照组。丰富了有关抑郁症患者的非线性动力学领域的研究内容，可能为 BOLD 信号的非线性动力学研究提供新的研究方法，同时，还可能为抑郁症的临床诊断提供一个客观量化指标，并为抑郁症的康复和治疗提供一个客观的指标。

# 总结与展望

## 总　结

本课题以抑郁症相关研究成果为基础，围绕抑郁症的情绪功能障碍和认知功能障碍的问题展开研究。以脑信息学系统方法学为理论依据，采用ACT-R结合fMRI的方法分别对加法计算和减法计算、不同情绪刺激下完成加减法计算、抑郁症患者和正常对照组在不同情绪刺激下完成加减法计算任务进行研究。依据一直以来有关BOLD信号的非线性动力学研究成果和方法，本课题提出了模糊近似熵方法分别对不同性别、不同年龄、抑郁症患者和正常对照组进行了探索性研究。本课题采用多学科交叉研究人类认知加工过程与差异及脑损伤患者的情绪和认知功能障碍，采用多角度对抑郁症患者在性别、年龄及与正常对照组之间的差异。本课题研究的目的是对正常对照组和抑郁症患者在情绪和认知的行为表现及fMRI激活脑区差异进行解释和验证；针对目前采用非线性动力学方法研究BOLD信号的研究较少的问题，本课题综合以往有关处理BOLD信号的非线性动力学方法，提出了模糊近似熵对其进行量化和分析，为抑郁症的诊断、治疗和研究提供新的方法。

主要研究结论包括：

①在加法计算和减法计算任务的研究中，以没有进位和退位的二位数加法计算和减法计算为实验范式。以行为实验结果、fMRI实验结果、事后问卷调查结果为依据，分别对其信息加工过程做分解和分析。通过对以往相关研究成果的调查可知，加法计算主要以提取策略为主，而减法计算除了提取策略还需要计算策略的参与才能得以完成。fMRI实验结果中，完成减法计算的对应脑区明显比完成加法计算任务的脑区范围大，且激活程度强；行为实验结果中完成减法计算任务的正确率低于完成加法计算任务的正确率，反应时也比完成加法计算任务的反应时长，均证明了模型假设的合理性和有效性。ACT-R认知模型仿

真结果和真实行为与fMRI数据的有效拟合，也进一步验证了假设模型的有效性。

②在正常对照组完成不同情绪刺激下加减法计算任务的研究中，以正性、中性和负性情绪刺激下加法计算和减法计算为实验范式。分别以相应的行为实验结果、fMRI 实验结果及事后问卷调查结果为依据，分别对其建立认知假设模型。在正性情绪刺激下完成加法计算任务的反应时小于中性情绪刺激下完成加法计算小于负性情绪刺激下完成加法计算的反应时，正确率却相反；同时，其在不同情绪刺激下完成减法计算任务的行为结果与加法一致，相对于不同情绪刺激下加法计算任务的反应时和正确率，减法计算的反应时和正确率较大。ACT-R 模拟数据与行为数据和 BOLD 信号变化率的有效拟合，证明了假设模型的有效性，在更细时间微粒上对完成不同情绪刺激下加减法计算任务的相应脑区内部加工过程进行解释和验证，更客观具体地展示情绪影响下完成认知任务的脑区协同工作原理。该结果表明，正常人具有正性情绪认知偏向和负性情绪认知偏离的特点，与相关研究结果相一致。

③在抑郁症患者和正常对照组在不同情绪刺激下完成加减法计算任务的研究中，以正性、中性和负性情绪刺激下完成没有进位和退位的二位数加减法计算任务为研究内容。分别以相应的行为实验结果、fMRI 实验结果及事后问卷调查结果为依据，分别对其建立认知假设模型。对正常对照组而言，在正性情绪刺激下完成加法计算任务的反应时小于中性情绪刺激下完成加法计算小于负性情绪刺激下完成加法计算的反应时，正确率却相反，同时，其在不同情绪刺激下完成减法计算任务的行为结果与加法一致；抑郁症患者在不同情绪刺激下完成加法计算和减法计算任务的反应时和正确率与正常对照组一致，但相对于正常对照组，抑郁症患者在不同情绪刺激下完成加法计算和减法计算任务的反应时和正确率显著大于与之对应的正常对照组。该研究结果与以往相关研究观点相一致。

④在模糊近似熵分析 BOLD 信号数据的研究中，本课题采用模糊近似熵的方法分别对不同性别、不同年龄及抑郁症患者和正常对照组进行分析和研究，并与样本熵方法进行了对比分析。研究结果表明，不同性别之间的平均全脑模糊近似熵值没有显著性差异，样本熵同样显示没有显著性差异；不同年龄之间的模糊近似熵表现为显著性差异，而样本熵值表现为显著性差异不明显，抑郁症患者的模糊近似熵值大于正常对照组。结果表明，模糊近似熵方法更适合用来分析 BOLD 信号数据，为 fMRI BOLD 信号的非线性动力学研究提供了新的

方法，丰富了抑郁症的非线性动力学研究内容。

## 展 望

尽管相对于以往相关研究已尽可能贴近现实，但依然存在以下不足。

第一，本课题虽然从认知到情绪与认知再到抑郁症情绪与认知逐步深入进行研究，而并未从认知的角度反向研究对情绪的影响。不仅建立情绪对认知影响下的认知假设模型，下一步还可以尝试采用 ACT-R 技术方法对认知对情绪影响的认知加工建模和仿真，从而真正揭示情绪与认知相互作用的神经机制。

第二，本课题主要对答题正确的操作行为数据建立了假设模型，然而并未考虑答错的任务，也未对其价值做出评价和研究。所以下一步可以对被试答错的试题做一个详细事后问卷调查，研究导致错误原因的神经机制，采用 ACT-R 技术，对其建立假设模型，以研究人类做出错误答案的神经机制和认知加工过程，并和正确任务的假设模型做比较，从而找出致错的本质原因。

第三，本课题采用共性研究方法，忽略了个性特征。本课题在数据整理时采取对应求平均的方式得出结果，然而这样就无法对个体的特征进行研究。下一步可以尝试对每一个被试的数据进行统计和整理，依据具体的个体 fMRI 结果和问卷调查结果做个性建模，寻找是否符合共性研究结果，如不一致，可以重点对其进行研究，其数据有可能包含特殊的意义和价值。

第四，本课题提出模糊近似熵的方法对不同性别、不同年龄及抑郁症患者和正常对照组的熵值做了研究，并与样本熵进行了对比分析。然而并未尝试使用如多尺度熵等其他处理脑电信号的非线性动力学方法来研究 BOLD 信号，也未研究其他哪些方法更适合研究 BOLD 信号数据，哪些不适合，并采用适合的方法与本课题提出的模糊近似熵方法进行对比研究，从而优中选优。本课题只采用模糊近似熵方法对抑郁症患者的 BOLD 信号数据进行了研究，对模糊近似熵方法是否适合其他脑损伤患者的 BOLD 信号数据的研究还不清楚，如果采用多种方法对多种脑损伤患者的 BOLD 信号数据进行研究，可能更有理论意义和现实价值。

第五，如何将 ACT-R 模拟融入脑信息数据中心，进一步丰富脑信息学系统方法学理论体系。

# 参考文献


[1] Neugebauer R. Mind matters: The importance of mental disorders in public health's 21st century mission[J]. American Journal of Public Health, 1999, 89(9): 1309–1311.

[2] Mayberg H S, Lozano A M, Voon V, et al. Deep brain stimulation for treatmentresistant depression[J]. Neuron, 2005(45): 651–660.

[3] Richard B B. Introduction to functional magnetic resonance imaging: Principles & techniques[M]. London: Cambridge University Press, 2002: 272.

[4] Zhang D, Raichle M E. Disease and the brain's dark energy[J]. Nature Reviews Neurology, 2010, 6(1): 15–28.

[5] 杨功焕 . 中国人群死亡及其危险因素流行水平趋势和发布 [M]. 北京：中国协和医科大学出版社 , 2005.

[6] 冯文 , 卢晶梅 , 刘旭红 . 家庭护理干预对产后抑郁症发病影响的研究 [J]. 中国实用护理杂志 , 2007, 23(7): 48–50.

[7] Fox M D, Raichle M E. Spontaneous fluctuations in brain activity observed with functional magnetic resonance imaging[J]. Nature Reviews Neuroscience, 2007, 8(9): 700–711.

[8] Raichle M E. The brain's dark energy[J]. Scientific American, 2010(302): 44–49.

[9] Sharp S C, Hellings J A. Efficacy and safety of selective serotonin reuptake inhibitors in the treatment of depression in children and adolescents: Practitioner review[J]. Clin Drug Investig, 2006, 26(5): 247–255.

[10] Murray C J L, Lopez A D. Alternative projections of mortality and disability by cause 1990-2020: Global burden of disease study[J]. Lancet, 1997(349): 1498–1504.

[11] Pessoa L. On the relationship between cognition and emotion[J]. Nature Reviews Neuroscience, 2008(9): 148–158.

[12] Lyons W. The philosophy of cognition and emotion[M]// Dalgleish T, Power M, eds.

Handbook of cognition and emotion. Chichester: Wiley, 1999: 21–44.

[13] Ochsner K N, Phelps E. Emerging perspectives on emotion-cognition interactions[J]. Trends in Cognitive Sciences, 2007, 11(8): 317–318.

[14] Dolan R. Emotion, cognition, and behavior[J]. Science, 2002(298): 1191–1194.

[15] Barrett L F. Emotions as natural kinds?[J]. Perspect Psychol Sciences, 2006(1): 28–58.

[16] Pessoa L. How do emotion and motivation direct executive control?[J]. Trends in Cognitive Sciences, 2009, 13(4): 160–166.

[17] Barrett L F, Mesquita B, Ochsner K N, et al. The experience of emotion[J]. Annual Review of Psychology, 2007, 58(1): 373–403.

[18] Izard C E. Emotion theory and research: Highlights, unanswered questions, and emerging issues[J]. Annual Review of Psychology, 2009(60): 1–25.

[19] Ekman P. Handbook of cognition and emotion[M]. Chichester: Wiley, 1999.

[20] Mehrabian A. Framework for a comprehensive description and measurement of emotional states[J]. Genetic Social & General Psychology Monographs, 1995(3): 339–361.

[21] Martino B D, Kumaran D, Seymour B, et al. Frames, biases, and rational decisionmaking in the human brain[J]. Science, 2006(313): 684–687.

[22] Science Daily. Irrational decisions driven by emotions[EB/OL]. [2009–06–29]. http://www.sciencedaily.com/releases/2006/08/060803171138.htm.

[23] Clore G L, Storbeck J. Affect as information about liking, efficacy, and importance[M]// Forgas J, eds. Affect in social thinking and behavior. New York and Hove: Psychology Press, 2006(104): 123–142.

[24] Buchanan T W. Retrieval of emotional memories[J]. Psychological Bulletin, 2007, 133(5): 761–779.

[25] Bower G H, Forgas J P. Affect, memory, and social cognition[M]// Eich E, Kihlstrom J F, Bower G H, et al, eds. Cognition and emotion. New York: Oxford University Press, 2000: 87–168.

[26] Langeslag S J E, Franken I H A, van Strien J W. Dissociating love-related attention from taskrelated attention: An event-related potential oddball study[J]. Neuroscience Letters, 2008(431): 236–240.

[27] Stefanucci J K, Storbeck J. Don’t look down: Emotional arousal elevates height perception[J]. Journal of Experimental Psychology General, 2009, 138(1): 131–145.

[28] Stefanucci J K, Proffitt D R. The roles of altitude and fear in the perception of height[J]. Journal of Experimental Psychology Human Perception & Performance, 2009, 35(2): 424–438.

[29] Droit-Volet S, Meck W H. How emotions colour our perception of time[J]. Trends in Cognitive Sciences, 2007, 11(12): 504–513.

[30] Effron D A, Niedenthal P M, Gil S, et al. Embodied temporal perception of emotion[J]. Emotion, 2006, 6(1): 1–9.

[31] Tipples J. Negative emotionality influences the effects of emotion on time perception[J]. Emotion, 2008, 8(1): 127–131.

[32] 汪亚珉，傅小兰．面部表情识别与面孔身份识别的独立加工与交互作用机制 [J]. 心理科学进展，2005, 13(4): 497–516.

[33] Schupp H T, Stockburger J, Codispoti M, et al. Selective visual attention to emotion[J]. Journal of Neuroscience the Official Journal of the Society for Neuroscience, 2007, 27(5): 1082–1089.

[34] Hao F, Zhang H, Fu X. Modulation of attention by faces expressing emotion: Evidence from visual marking[M]// Tao J, Tan T, Picard R W, eds. Affective computing and intelligent interaction. Berlin Heidelberg: Springer-Verlag, 2005: 127–134.

[35] Lim S L, Padmala S, Pessoa L. Affective learning modulates spatial competition during low-load attentional conditions[J]. Neuropsychologia, 2008, 46(5): 1267–1278.

[36] Kanske P, Kotz S A. Concreteness in emotional words: ERP evidence from a hemifield study[J]. Brain Research, 2007(1138): 138–148.

[37] Rowe G, Hirsh J B, Anderson A K. Positive affect increases the breadth of attentional selection[J]. Proceedings of the National Academy of Sciences of the United States of America, 2007, 104(1): 383–388.

[38] Baddeley A. Working memory: Looking back and looking forward[J]. Nature Reviews Neuroscience, 2003, 4(10): 829–839.

[39] Levens S M, Phelps E A. Emotion processing effects on interference resolution in working memory[J]. Emotion, 2008, 8(2): 267–280.

[40] Baddeley A. Working memory, thought, and action[M]. Oxford: Oxford University Press, 2007.

[41] Lazarus R S. Cognition and motivation in emotion[J]. American Psychologist, 1991, 46(4):

352–367.

[42] Fenske M J, Raymond J E, Kunar M A. The affective consequences of visual attention in preview search[J]. Psychonomic Bulletin & Review, 2004, 11(6): 1034–1040.

[43] Tamara J L, Michelle L M, Emily A H. Reducing depressive intrusions via a computerized cognitive bias modification of appraisals task: Developing a cognitive vaccine[J]. Behaviour Research & Therapy, 2009, 47(2): 139–145.

[44] 廖成菊，冯正直，王凤，等．抑郁个体情绪加工与认知控制的相互作用 [J]. 中国心理卫生杂志，2010, 24(5): 387–391.

[45] David A C, Aaron T B. Cognitive theory and therapy of anxiety and depression: Convergence with neurobiological findings[J]. Trends in Cognitive Sciences, 2010, 14(9): 418–424.

[46] Christina L F, Deanna M B, Melissa M R, et al. Altered emotional interference processing in affective and cognitive-control brain circuitry in major depression[J]. Biological Psychiatry, 2008, 63(4): 377–384.

[47] Gilles P, Roland V, Karim N D, et al. Errors recruit both cognitive and emotional monitoring systems: Simultaneous intracranial recordings in the dorsal anterior cingulate gyrus and amygdala combined with fMRI[J]. Neuropsychologia, 2010, 48(4): 1144–1159.

[48] Michael K, Jordan G. The functional neuroanatomy of depression: Distinct roles for ventromedial and dorsolateral prefrontal cortex[J]. Behavioural Brain Research, 2009, 201(2): 239–243.

[49] Christina L F, Deanna M B, Melissa M R, et al. Antidepressant treatment normalizes hypoactivity in dorsolateral prefrontal cortex during emotional interference processing in major depression[J]. Journal of Affective Disorders, 2009, 112(1–3): 206–211.

[50] Cédric L, Helen M, Loretxu B, et al. Self-referential processing and the prefrontal cortex over the course of depression: A pilot study[J]. Journal of Affective Disorders, 2010, 124 (1–2): 196–201.

[51] van Wingen G A, van Eijndhoven P, Cremers H R, et al. Neural state and trait bases of mood-incongruent memory formation and retrieval in first-episode major depression[J]. Journal of Psychiatric Research, 2010(44): 527–534.

[52] Hamilton J P, Gotlib I H. Neural substrates of increased memory sensitivity for negative stimuli in major depression[J]. Biological Psychiatry, 2008, 63(12): 1155–1162.

[53] 廖成菊，冯正直．抑郁症情绪加工与认知控制的脑机制 [J]. 心理科学进展，2010, 18(2):

282–287.

[54] Gabriel S D, Jennifer N F, Moria J S. Affective context interferes with cognitive control in unipolar depression: An fMRI investigation[J]. Journal of Affective Disorders, 2009, 114(3): 131–142.

[55] Ladouceur C D, Dahl R E, Williamson D E, et al. Processing emotional facial expressions influences performance on a Go/No Go task in pediatric anxiety and depression[J]. Journal of Child Psychology & Psychiatry, 2006, 47(11): 1107–1115.

[56] Anderson J R, Bothell D, Byrne M D, et al. An integrated theory of Mind[J]. Psychological Review, 2004(111): 1036–1060.

[57] Anderson J R. Human symbol manipulation within an integrated cognitive architecture[J]. Cognitive Science, 2005, 29(3): 313–341.

[58] Anderson J R, Fincham J M, Qin Y L, et al. A central circuit of the mind[J]. Trends in Cognitive Science, 2008, 12(4): 136–143.

[59] Anderson J R. Using brain imaging to guide the development of a cognitive architecture[M]// Gray W D, eds. Integrated models of cognitive systems. Oxford: Oxford University Press, 2007: 49–62.

[60] Qin Y, Sohn M H, Anderson J R, et al. Predicting the practice effects on the blood oxygenation level-dependent(BOLD) function of fMRI in a symbolic manipulation task[J]. Proceedings of the National Academy of Sciences of the United States of America, 2003, 100(8): 4951–4956.

[61] Qin Y L, Carter C S, Silk E, et al. The change of the brain activation patterns as children learn algebra equation solving[J]. Proceedings of the National Academy of Sciences of the United States of America, 2004, 101(15): 5686–5691.

[62] Minsky M. The society of mind[M]. New York: Simon & Schuster, 1985.

[63] Picard R W. Affective medicine: Technology with emotional intelligence[M]// Bushko R G, eds. Future of health technology. Cambridge: OIS Press, 2001: 1–15.

[64] Picard R W. Affective computing[M]. London: MIT Press, 1997.

[65] Norman D A. Emotional design: Why we love (or hate) everyday things[M]. New York: Basic Books, 2004.

[66] Tao L, Liu Y, Fu X, et al. A computational study on PAD based emotional state model[C]. Proceedings of the 26th Computer-Human Interaction Conference, Florence, 2008.

[67] Niedenthal P M. Embodying emotion[J]. Science, 2007(316): 1002–1005.

[68] Shang J, Liu Y, Fu X. Dominance modulates the effects of eye gaze on the perception of threatening facial expressions[C]. Proceedings of the 8th IEEE International Conference on Automatic Face and Gesture Recognition, Amsterdam, 2008.

[69] Starkey P. Cooper R G. Perception of numbers by human infants[J]. Science, 1980(210): 1033–1035.

[70] Piaget J, The Child´s conception of number[M]. New York: Routledge, 1997: 175–202.

[71] Pesenti M, Zago L, Crivello F, et al. Mental calculation in a prodigy is sustained by right prefrontal and medial temporal areas[J]. Nature Neuroscience, 2001, 4(1): 103–107.

[72] Dyall-Smith M, Dyall-Smith D. Recovering DNA from pathology specimens: A new life for old tissues[J]. Mol Biol Rep, 1988(6): 1–2.

[73] Rueckert L, Lange N, Partiot A, et al. Visualizing cortical activation during mental calculation with functional MRI[J]. Neuroimage, 1996, 3(2): 97–103.

[74] 张权 , 张云亭 , 李威 , 等 . 数字计算相关脑功能区定位的 fMRI 研究 [J]. 临床放射学杂志 , 2005, 24(2): 103–107.

[75] 张权 , 张云亭 , 李威 , 等 . 数字计算相关脑功能区偏侧化现象 fMRI 研究 [J]. 临床放射学杂志 , 2006, 25(1): 20–24.

[76] Rypma B, D Espostio M. The roles of prefrontal brain regions in components of working memory: Effects of memory load and individual differences[J]. Proceedings of the National Academy of Sciences of the United States of America, 1999, 96(11): 6558.

[77] Menon V, Rivera S M, White C D, et al. Dissociating prefrontal and parietal cortex activation during arithmetic processing[J]. Neuroimage, 2000, 12(4): 357.

[78] Burbaud P, Degreze P, Lafon P, et al. Lateralization of prefrontal activation during internal mental calculation: A functional magnetic resonance imaging study[J]. Neurophysiol, 1995, 74(5): 2194.

[79] Ogawa S. Breakdown of long-range temporal correlations in Theta oscillations in patients with major depressive disorder[J]. The Journal of Neuroscience, 1992(89): 5951–5955.

[80] 杨桂芬 , 张权 . 正常人工作记忆不同认知成分的 fMRI 研究 [J]. 医学影像学杂志 , 2009, 19(11): 1361–1365.

[81] Phillips M L，Drevets W C，Rauch S L，et al. Neurobiology of emotion perception Ⅱ : Implications for major psychiatric disorders[J]. Biological Psychiatry, 2003, 54(5): 515–528.

[82] Irwin W, Anderle M J, Abererombie H C, et al. Amygdalar interhemispheric functional

connectivity differs between the non-depressed and depressed human brain[J]. Neuroimage, 2004, 21(2): 674–686.

[83] Surguladze S, Brammer M J, Keedwell P, et al. A differential pattern of neural response toward sad versus happy facial expressions in major depressive disorder[J]. Biological Psychiatry, 2005, 57(3): 201–209.

[84] 尧德中 . 脑功能探测的电学理论与方法 [M]. 北京 : 科学出版社 , 2003.

[85] Abásolo D, Hornero R, Espino P, et al. Analysis of regularity in the EEG background activity of Alzheimer’s disease patients with approximate entropy[J]. Clinical Neurophysiology, 2005, 116(8): 1826–1834.

[86] 张胜 , 乔世妮 , 王蔚 . 抑郁症患者脑电复杂度的小波熵分析 [J]. 计算机工程与应用 , 2012, 48(4): 143–145.

[87] 李颖洁 , 邱意弘 , 朱贻盛 . 脑电信号分析方法及其应用 [M]. 北京 : 科学出版社 , 2009.

[88] Méndez M A, Zuluaga P, Hornero R, et al. Complexity analysis of spontaneous brain activity: effects of depression and antidepressant treatment[J]. Journal of Psychopharmacology, 2012, 26(5): 636–643.

[89] Linkenkaer-Hansen K, Monto S, Rytsl H, et al. Breakdown of long-range temporal correlations in theta oscillations in patients with major depressive disorder[J]. The Journal of Neuroscience, 2005, 25(44): 10131–10137.

[90] Lee J S, Yang B H, Lee J H, et al. Detrended fluctuation analysis of resting EEG in depressed outpatients and healthy controls[J]. Clinical Neurophysiology, 2007, 118(11): 2489–2496.

[91] 胡巧莉 . 基于相位同步分析方法的抑郁症脑电信号的研究 [J]. 中国医疗器械杂志 , 2010, 34(4): 246–249.

[92] Bornas X, Noguera M, Balle M, et al. Long-range temporal correlations in resting EEG[J]. Journal of Psychophysiology, 2013, 27(2): 60–66.

[93] Kim D J, Bolbecker A R, Howell J, et al. Disturbed resting state EEG synchronization in bipolar disorder: A graphth-eoretic analysis[J]. Neuroimage Clinical, 2013, 2(1): 414–423.

[94] Bachmann M, Lass J, Suhhova A, et al. Spectral asymmetry and higuchi′s fractal dimension measures of depression electroencephalogram[J]. Computational and Mathematical Methods in Medicine, 2013(1394): 1–8.

[95] Jimbo Y, Tateno T, Robinson H P. Simultaneous induction of pathway-specific potentiation and depression in networks of cortical neurons[J]. Biophysical Journal, 1999, 76(2):

670–678.

[96] Zorick T, Mandelkern M A. Multifractal detrended fluctuation analysis of human EEG: Preliminary investigation and comparison with the wavelet transform modulus maxima technique[J]. Plos One, 2013, 8(7): 1–7.

[97] Ogawa S, Lee T M. Magnetic resonance imaging of blood vessels at high fields: In vivo and in vitro measurements and image stimulation[J]. Magnetic Resonance in Medicine, 1990, 16(1): 9–18.

[98] Thulborn K R, Waterton J C, Matthews P M, et al. Oxygenation dependence of the transverse relaxation time of water protons in whole blood at high field[J]. Biochimica Et Biophysica Acta, 1982, 714(2): 265–270.

[99] Fox P T, Raichle M E. Focal physiological uncoupling of cerebral blood flow and oxidative metabolism during somatosensory stimulation in human subjects[J]. Proceedings of the National Academy of Sciences of the United States of America, 1986, 83(4): 1140–1144.

[100] Fox PT, Raiehle M E, Mintun M A, et al. Nonoxidative glucose consumption during focal physiologic neural neutivity[J]. Science,1988(241): 462–464.

[101] Logothetis N K, Pauls J, Augath M, et al. Neurophysiological investigation of the basis of the fMRI signal[J]. Nature, 2001(412): 150–157.

[102] 邱树华 . 正常人体解剖学 [M]. 上海：上海科学技术出版社 , 1986.

[103] Kamondi A, Aesady L, WangX J, et al. Theta oseillations in somata and dendrites of hippocampal pyramidal cells in vivo: Activity-dependent phasepreeession of action potentials[J]. HippoeamPus, 1998(8): 244–261.

[104] Bulloek T H. Signals and signs in the nervous system: The dynamic anatomy of electrical activity is probably information rich[J]. Proceedings of the National Academy of Sciences of the United States of America, 1997, 94(1): 1–6.

[105] Fox M D, Snyder A Z, Vincent J L, et al. The human brain is intrinsically organized into dynamic, anticorrelated functional networks[J]. Proceedings of the National Academy of Sciences of the United States of America, 2005, 102(27): 9673–9678.

[106] Anderson J R. How can human mind occur in the physical universe?[M]. New York: Oxford University Press, 2007.

[107] Danker J F, Anderson J R. The roles of prefrontal and posterior parietal cortex in algebra problem solving: A case of using cognitive modeling to inform neuroimaging data[J].

Neuroimage, 2007, 35(3): 1365–1377.

[108] Yang Yang, Ning Zhong, Kazuyuki Imamura, et al. Common and dissociable neural substrates for 2-digit simple addition and subtraction[M]. Switzerland: Springer International Publishing, 2013: 92–102.

[109] Blankenberger S. The arithmetic tie effect is mainly encoding-based[J]. Cognition, 2001, 82(1): B15–B24.

[110] Peipeng Liang, Xiuqin Jia, Taatgen N A, et al. Different strategies in solving series completion inductive reasoning problems: An fMRI and computational study[J]. International Journal of Psychophysiology, 2014(8): 1–8.

[111] McCloskey M. Cognitive mechanisms in numerical processing: Evidence from acquired dyscalculia[J]. Cognition, 1992, 44(1–2): 107–157.

[112] Dehaene S, Piazza M, Pinel P, et al. Three parietal circuits for number processing[J]. Cognitive Neuropsychology, 2003, 20(3–6): 487–506.

[113] Chochon F, Cohen L, Moortele P F, et al. Differential contributions of the left and right inferior parietal lobules to number processing[J]. Journal of Cognitive Neuroscience, 1999, 11(6): 617–630.

[114] Riveral S M, Reiss A L, Eckert M A, et al. Developmental changes in mental arithmetic: Evidence for increased functional specialization in the left inferior parietal cortex[J]. Cerebral Cortex, 2005, 15(11): 1779–1790.

[115] Shu S Y, Penny G R, Peterson G M. The "marginal division" : A new subdivision in the neostriatum of the rat[J]. Journal of Chemical Neuroanatomy, 1988, 1(3): 147–163.

[116] Shu S Y, Wang L N, Wu Y M, et al. Hemorrhage in the medial areas of bilateral putamenscausing deficiency of memory and calculation: Report of one case[J]. Journal of First Military Medical University, 2002, 22(1): 38–40.

[117] Dehaene S. Varieties of numerical abilities[J]. Cognition, 1992, 44(1–2): 1–42.

[118] Kiss M, Goolsby B, Raymond J E, et al. Efficient attentional selection predicts distractor devaluation: ERP evidence for a direct link between attention and emotion[J]. Journal of Cognitive Neuroscience, 2014, 19(8): 1316–1322.

[119] Zhou X L, Chen C S, Zang Y F, et al. Dissociated brain organization for singledigit addition and multiplication[J]. Neuroimage, 2007, 35(2): 871–880.

[120] Smith K S, Berridge K C, Aldridge J W. Disentangling pleasure from incentive salience

and learning signals in brain reward circuitry[J]. Proceedings of the National Academy of Sciences of the United States of America, 2011, 108(27): E255–E264.

[121] Matthews S C, Strigo I A, Simmons A N, et al. Decreased functional coupling of the amygdala and supragenual cingulate is related to increased depression in unmedicated individuals with current major depressive disorder[J]. Journal of Affective Disorders, 2008, 111(1): 13–20.

[122] Ramel W, Goldin P R, Eyler L T, et al. Amygdala reactivity and mood-congruent memory in individuals at risk for depressive relapse[J]. Biological Psychiatry, 2007(61): 231–239.

[123] Chan S W, Norbury R, Goodwin G M, et al. Risk for depression and neural responses to fearful facial expressions of emotion[J]. British Journal of Psychiatry, 2009, 194(2): 139–145.

[124] Robertson B, Wang L, Diaz M T, et al. Effect of bupropion extended release on negative emotion processing in major depressive disorder: A pilot functional magnetic resonance imaging study[J]. Journal of Clinical Psychiatry, 2007, 68(2): 261–267.

[125] Bremner J D, Vythilingam M, Vermetten E, et al. Deficits in hippocampal and anterior cingulate functioning during verbal declarative memory encoding in midlife major depression[J]. American Journal of Psychiatry, 2004, 161(4): 637–645.

[126] Siegle G J, Thompson W, Carter C S, et al. Increased amygdala and decreased dorsolateral prefrontal BOLD response in unipolar depression: Related and independent features[J]. Biological Psychiatry, 2007, 61(2): 198–209.

[127] Holmes AJ, Pizzagalli D A. Response conflict and frontocingulate dysfunction in unmedicated participants with major depression[J]. Neuropsychologia, 2008, 46(12): 2904–2913.

[128] Wagner G, Sinsel E, Sobanski T, et al. Cortical inefficiency in patients with unipolar depression: An event-related FMRI study with the Stroop task[J]. Biological Psychiatry, 2006, 59(10): 958–965.

[129] Wagner G, Koch K, Schachtzabel C, et al. Enhanced rostral anterior cingulate cortex activation during cognitive control is related to orbitofrontal volume reduction in unipolar depression[J]. Journal of Psychiatry & Neuroscience, 2008,107(33): 199–208.

[130] Holmes A J, Pizzagalli D A. Spatiotemporal dynamics of error processing dysfunctions in major depressive disorder[J]. Archives of General Psychiatry, 2008, 65(2): 179–188.

[131] Schlösser R G, Wagner G, Koch K, et al. Fronto-cingulate effective connectivity in major depression: A study with fMRI and dynamic causal modeling[J]. Neuroimage, 2008, 43(3): 645–655.

[132] Lipsitz L A. Physiological complexity, aging, and the path to frailty[J]. Science of Aging Knowledge Environment Sage Ke, 2004(16): 16.

[133] Sokunbi M O, Staff R T, Waiter G D, et al. Inter-individual differences in fMRI entropy measurements in Old Age[J]. IEEE Transactions on Biomedical Engineering, 2011, 58(11): 3206–3214.

[134] Pritchard W S, Duke D W, Coburn K L, et al. EEG-based neural-net predictive classification of Alzheimer′s disease versus control subjects is augmented by nonlinear EEG measures[J]. Electroencephalography & Clinical Neurophysiology, 1994, 91(2): 118–130.

[135] Wolf A, Swift J B, Swinney H L, et al. Determining Lyapunov exponents from a time series[J]. Physica D Nonlinear Phenomena, 1985, 16(3): 285–317.

[136] Eckmann J P, Ruelle D. Fundamental limitations for estimating dimensions and Lyapunov exponents in dynamical system[J]. Physica D Nonlinear Phenomena, 1992, 56(2–3): 185–187.

[137] Grassberger P, Procaccia I. Characterization of strange attractors[J]. Physical Review Letters, 1983, 50(5): 346–349.

[138] Pesin Y B. Characteristic Lyapunov exponent and smooth ergodic theory[J]. Russian Mathematical Surveys, 1977(32): 55–114.

[139] Kaplan J, Yorke J. Chaotic behavior of multidimensional difference equation: In functional differential equations and approximation of fixed points, lecture notes in Mathematics[M]. New York: Springer, 1979: 204–207.

[140] Kolmogorov A N. A new metric invariant of transient dynamical systems and automorphiams in Lebeague spaces[J]. Doklady Akademii Nauk Sssr, 1958(119): 861–871.

[141] Pincus S. Approximate entropy(ApEn) as a complexity measure[J]. Chaos, 1995, 5(1): 110–117.

[142] Pincus S M. Assessing serial irregularity and its implications for health[J]. Annals of the New York Academy of Sciences, 2001(954): 245–267.

[143] Pincus S M. Approximate entropy as a measure of system complexity[J]. Proceedings of the National Academy of Sciences of the United States of America, 1991, 88(6): 2297–2301.

[144] Wang Z, Li Y, Childress A R, et al. Brain entropy mapping using fMRI[J]. PloS One, 2014, 9(3): e89948.

[145] Richman J S, Moorman J R. Physiological time-series analysis using approximate and sample entropy[J]. American Journal of Physiology Heart & Circulatory Physiology, 2000, 278(6): 2039–2049.

[146] Xie H B, Guo J Y, Zheng Y P. Fuzzy approximate entropy analysis of chaotic and natural complex systems: Detecting muscle fatigue using electromyography signals[J]. Annals of Biomedical Engineering, 2010, 38(4): 1483–1496.

[147] Logothetis N K, Wandell B A. Interpreting the BOLD signal[J]. Annual Review of Physiology, 2004(66): 735–769.

[148] Gawryluk J R, Mazerolle E L, D´Arcy R C N. Does functional MRI detect activation in white matter? A review of emerging evidence, issues, and future directions[J]. Frontiers in Neuroscience, 2009, 8(8): 239–249.

[149] Goldberger A L. Non-linear dynamics for clinicians: Chaos theory, fractals, and complexity at the bedside[J]. Lancet, 1996(347): 1312–1314.

[150] Deary I J, Corley J, Gow A J, et al. Age-associated cognitive decline[J]. Br Med Bull, 2009(92): 135–152.

[151] Sokunbi M O. Sample entropy reveals high discriminatory power between young and elderly adults in short fMRI data sets[J]. Frontiers in Neuroinformatics, 2014(8): 69–75.

[152] Zadeh L A. Fuzzy sets[J]. Information & Control, 1965, 8(3): 338–353.

[153] Xiong G, Zhang L, Liu H, et al. A comparative study on ApEn, SampEn and their fuzzy counterparts in a multiscale framework for feature extraction[J]. Journal of Zhejiang Universityence A, 2010, 11(4): 270–279.

[154] Anokhin A P, Birbaumer N, Lutzenberger W, et al. Age increases brain complexity[J]. Electroencephalography & Clinical Neurophysiology, 1996, 99(1): 63–68.

[155] Fernández A, Hornero R, Gómez C, et al. Complexity analysis of spontaneous brain activity in Alzheimer disease and mild cognitive impairment: An MEG study[J]. Alzheimer Disease & Associated Disorders, 2010, 24(2): 182–189.

[156] Fernandez A, Zuluaga P, Abasolo D, et al. Brain oscillatory complexity across the life span[J]. Clinical Neurophysiology, 2012, 123(11): 2154–2162.

[157] Liu C Y, Krishnan A P, Yan L, et al. Complexity and synchronicity of resting state blood

oxygenation level-dependent(BOLD) functional MRI in normal aging and cognitive decline[J]. Journal of Magnetic Resonance Imaging, 2013(38): 36–45.

[158] Thomas B P, Liu P, Park D C, et al. Cerebrovascular reactivity in the brain white matter: magnitude, temporal characteristics, and age effects[J]. J Cereb Blood Flow Metab, 2014, 34(2): 242–247.

[159] Lu H, Xu F, Rodrigue K M, et al. Alterations in cerebral metabolic rate and blood supply across the adult life span[J]. Cereb Cortex, 2011, 21(6): 1426–1434.

[160] Samanez-Larkin G R, D'Esposito M. Group comparisons: Imaging the aging brain[J]. Social Cognitive & Affective Neuroscience, 2008, 3(3): 290–297.

[161] Tsvetanov K A, Henson R N A, Tyler L K, et al. The effect of ageing on fMRI: Correction for the confounding effects of vascular reactivity evaluated by joint fMRI and MEG in 335 adults[J]. Human Brain Mapping, 2015, 36(6): 2248–2269.

[162] Liu C, Zheng D, Li P, Zhao L, et al. Is cross-sample entropy avalid measure of synchronization between sequences of RR interval and pulse transit time?[C]. Proceedings of the IEEE computing in cardiology conference(CinC), September, 2013: 939–942.